图像显著区域提取方法及其应用研究

梁晔 著

电子工业出版社
Publishing House of Electronics Industry
北京·BEIJING

内 容 简 介

本书密切跟踪国际前沿研究主流的发展趋势，探析了显著区域提取的研究方向、显著区域的提取方法及其应用，以显著性检测的关键因素为导向，以论述基础概念、研究相关算法、提出可行模型为主线，构建了面向社群图像的显著性数据集，提出了显著区域提取模型，并利用显著性检测技术有效地解决了对象类图像库的分类问题。

本书可作为高等院校和科研机构计算机科学与技术相关专业本科生和研究生的教学参考书，也可以作为计算机视觉领域技术人员的参考书。

未经许可，不得以任何方式复制或抄袭本书之部分或全部内容。
版权所有，侵权必究。

图书在版编目（CIP）数据

图像显著区域提取方法及其应用研究 / 梁晔著. —北京：电子工业出版社，2020.7
ISBN 978-7-121-39102-6

Ⅰ. ①图⋯ Ⅱ. ①梁⋯ Ⅲ. ①图像处理—研究 Ⅳ. ①TP391.413

中国版本图书馆 CIP 数据核字（2020）第 099776 号

责任编辑：许存权
文字编辑：张佳虹
印　　刷：北京虎彩文化传播有限公司
装　　订：北京虎彩文化传播有限公司
出版发行：电子工业出版社
　　　　　北京市海淀区万寿路 173 信箱　邮编：100036
开　　本：720×1 000　1/16　印张：9.25　字数：178 千字
版　　次：2020 年 7 月第 1 版
印　　次：2023 年 9 月第 2 次印刷
定　　价：89.00 元

凡所购买电子工业出版社图书有缺损问题，请向购买书店调换。若书店售缺，请与本社发行部联系，联系及邮购电话：（010）88254888，88258888。
质量投诉请发邮件至 zlts@phei.com.cn，盗版侵权举报请发邮件至 dbqq@phei.com.cn。
本书咨询联系方式：（010）88254484，xucq@phei.com.cn。

<<<<<< PREFACE

基于选择注意力机制的显著性检测技术已经成为计算机视觉和图像领域的研究热点,广泛应用于目标检测、图像分割、图像压缩、图像检索和场景分析等领域中。显著性检测模型的本质是让计算机模仿人类视觉系统去理解和分析图像,然而这是一件非常困难的事情,面临着许多挑战。人类视觉系统极其复杂,处理原理和具体过程仍然没有完全被研究人员所掌握,本身就具有巨大的挑战。因此,显著性模型目前仍然没有统一完整的理论框架,有待进一步研究和完善。

随着互联网的普及,传统的休闲娱乐方式不再是娱乐的主体,人们更多地选择线上的娱乐方式和通信工具。在这个背景下,社交平台应运而生,图片社交已经成为社交平台的主流功能。图片社交带来了海量的社交媒体图像,有限的计算资源如何对其进行快速有效的处理已经成为亟待解决的问题。本书研究的主要动因来自社交网站的图片处理压力,本书以显著性检测技术为切入点,选择图像显著区域提取方法为主要研究内容,并以图像分类机器视觉任务作为显著区域提取方法的应用延伸,具有非常重要的理论意义和应用价值。本书的具体研究内容概括如下。

(1) 针对目前尚没有面向社交媒体图像的显著性数据集现状,构建了此类显著性数据集,详细论述了数据集的图像来源、图像的筛选原则、图像的标注及数据集的统计分析。为了验证新建数据集的性能,对新建数据集和目前流行的 7 个显著性数据集进行性能评测。实验结果表明,新建数据集具有显著区域尺寸丰富、与图像边界连接度高、不具有明显中心先验、显著区域与图像的颜色差异小等优点。此数据集为显著性检测研究提供了新的测试对象，而且标签信息也为新的显著区域提取方法提供了条件。

（2）研究表明，单纯依赖图像底层特征进行显著区域提取已经不能取得令人满意的效果，越来越多的提取方法转向机器学习和高层语义。基于此，充分考虑社交媒体图像带有语义标签的特点，提出了基于条件随机场模型的显著区域提取方法。该方法同时考虑图像外观特征和标签上下文信息，缩小了图像高级语义和低级特征之间的距离。

（3）深度学习技术正广泛应用于图像的显著区域提取任务，虽然基于深度学习特征的显著区域提取结果整体优于基于人工设计特征提取结果，但提取效果仍存在个体图像差异。基于此，提出了面向社交媒体图像的基于多特征的显著区域提取方法，既包括深度学习特征又包括人工设计特征。采用的深度学习特征包括卷积神经网络特征和标签语义特征。此外，将经典的基于人工设计特征提取方法的结果作为基于深度学习特征提取结果的有益补充，提出了基于标签和图像外观的显著图动态融合方法，此融合方法依赖于个体图像。

（4）根据图像是否包含显著区域，将图像库分为场景类图像库和对象类图像库。对于场景类图像库，提出了多环划分的特征池化区域选择方法和多视觉词硬编码方法，两种方法相结合能够对场景类图像库进行快速分类。对于对象类图像库，提出了基于显著性的软编码方法，既突出了显著区域对于对象类图像库的重要性，又体现了局部性空间约束对编码一致性的重要作用。实验结果证明了显著性能够为图像分类方法提供新思路。

本书的出版得到北京市信息服务工程重点实验室、国家自然科学基金项目"无人车多视视频信息获取与定位关键技术"（项目编号：61871038）和北京市属高校一流专业软件工程专业建设项目的资助。在本书的出版过程中，得到了北京联合大学机器人学院领导和同事的大力支持与帮助，电子工业出版社的许存权编辑在本书的编写过程中提出了很多宝贵意见和建议，在此向他们一并表示深切的感谢。

本书对从事计算机视觉工作的相关人员具有一定的借鉴与启发意义，但面对信息技术和人工智能的大势洪流，我自知自己学识的匮乏和局限，我的所学所研更像是学海浮萍。囿于我的水平，故恳请各位同行斧正。

作　者

目录

CONTENTS

第1章 绪论 ⋯⋯⋯⋯⋯⋯⋯⋯⋯⋯⋯⋯⋯⋯⋯⋯⋯⋯⋯⋯⋯⋯⋯⋯⋯⋯⋯⋯⋯⋯⋯⋯⋯⋯1
- 1.1 研究背景和意义 ⋯⋯⋯⋯⋯⋯⋯⋯⋯⋯⋯⋯⋯⋯⋯⋯⋯⋯⋯⋯⋯⋯⋯⋯⋯⋯⋯⋯1
- 1.2 研究现状 ⋯⋯⋯⋯⋯⋯⋯⋯⋯⋯⋯⋯⋯⋯⋯⋯⋯⋯⋯⋯⋯⋯⋯⋯⋯⋯⋯⋯⋯⋯⋯6
  - 1.2.1 显著区域提取方法的研究现状及分析 ⋯⋯⋯⋯⋯⋯⋯⋯⋯⋯⋯⋯⋯⋯⋯⋯6
  - 1.2.2 显著性数据集的研究现状及分析 ⋯⋯⋯⋯⋯⋯⋯⋯⋯⋯⋯⋯⋯⋯⋯⋯⋯12
- 1.3 本书的主要研究内容 ⋯⋯⋯⋯⋯⋯⋯⋯⋯⋯⋯⋯⋯⋯⋯⋯⋯⋯⋯⋯⋯⋯⋯⋯18
- 1.4 本书的内容安排 ⋯⋯⋯⋯⋯⋯⋯⋯⋯⋯⋯⋯⋯⋯⋯⋯⋯⋯⋯⋯⋯⋯⋯⋯⋯⋯19

第2章 面向社交媒体图像的显著性数据集 ⋯⋯⋯⋯⋯⋯⋯⋯⋯⋯⋯⋯⋯⋯⋯⋯⋯21
- 2.1 引言 ⋯⋯⋯⋯⋯⋯⋯⋯⋯⋯⋯⋯⋯⋯⋯⋯⋯⋯⋯⋯⋯⋯⋯⋯⋯⋯⋯⋯⋯⋯⋯⋯21
- 2.2 数据集的图像筛选原则与性能评测方法 ⋯⋯⋯⋯⋯⋯⋯⋯⋯⋯⋯⋯⋯⋯⋯22
  - 2.2.1 图像筛选原则 ⋯⋯⋯⋯⋯⋯⋯⋯⋯⋯⋯⋯⋯⋯⋯⋯⋯⋯⋯⋯⋯⋯⋯⋯⋯22
  - 2.2.2 数据集的性能评测方法 ⋯⋯⋯⋯⋯⋯⋯⋯⋯⋯⋯⋯⋯⋯⋯⋯⋯⋯⋯⋯⋯25
- 2.3 面向社交媒体图像的显著性数据集的构建 ⋯⋯⋯⋯⋯⋯⋯⋯⋯⋯⋯⋯⋯⋯30
  - 2.3.1 图像来源 ⋯⋯⋯⋯⋯⋯⋯⋯⋯⋯⋯⋯⋯⋯⋯⋯⋯⋯⋯⋯⋯⋯⋯⋯⋯⋯⋯30
  - 2.3.2 图像标注 ⋯⋯⋯⋯⋯⋯⋯⋯⋯⋯⋯⋯⋯⋯⋯⋯⋯⋯⋯⋯⋯⋯⋯⋯⋯⋯⋯31
  - 2.3.3 图像筛选 ⋯⋯⋯⋯⋯⋯⋯⋯⋯⋯⋯⋯⋯⋯⋯⋯⋯⋯⋯⋯⋯⋯⋯⋯⋯⋯⋯32
  - 2.3.4 数据集的统计分析与性能评测 ⋯⋯⋯⋯⋯⋯⋯⋯⋯⋯⋯⋯⋯⋯⋯⋯⋯32
  - 2.3.5 数据集的典型图像 ⋯⋯⋯⋯⋯⋯⋯⋯⋯⋯⋯⋯⋯⋯⋯⋯⋯⋯⋯⋯⋯⋯⋯36
  - 2.3.6 数据集的标签信息统计 ⋯⋯⋯⋯⋯⋯⋯⋯⋯⋯⋯⋯⋯⋯⋯⋯⋯⋯⋯⋯⋯38
- 2.4 本章小结 ⋯⋯⋯⋯⋯⋯⋯⋯⋯⋯⋯⋯⋯⋯⋯⋯⋯⋯⋯⋯⋯⋯⋯⋯⋯⋯⋯⋯⋯38

第3章 基于标签上下文的显著区域提取方法······40

3.1 引言······40
3.2 显著区域提取流程······41
3.3 显著区域提取方法建模······43
3.3.1 条件随机场模型介绍······43
3.3.2 提取方法的模型描述······43
3.4 基于图像外观的显著性计算······45
3.4.1 多尺度的区域分割······45
3.4.2 显著性计算······46
3.4.3 空间一致性优化······47
3.4.4 多尺度显著图融合······48
3.5 标签语义特征计算······48
3.6 实验······50
3.6.1 实验设置······50
3.6.2 评价指标······52
3.6.3 标签有效性的验证实验······53
3.6.4 与流行方法的比较······56
3.7 本章小结······61

第4章 基于多特征的显著区域提取方法······62

4.1 引言······62
4.1.1 图像特征的获取方法······62
4.1.2 卷积神经网络······63
4.1.3 基于层次结构的显著区域提取方法······65
4.2 基于多特征的显著区域提取方法流程······66
4.3 基于深度学习特征的显著区域提取······67
4.3.1 基于CNN特征的显著性计算······67
4.3.2 标签语义特征计算······71
4.3.3 显著图和标签语义图的融合······72

- 4.4 基于人工设计特征的显著区域提取 ·········· 72
- 4.5 图像依赖的显著图动态融合 ·········· 74
  - 4.5.1 方法思想 ·········· 74
  - 4.5.2 训练阶段 ·········· 76
  - 4.5.3 测试阶段 ·········· 76
  - 4.5.4 基于投票机制的显著图融合 ·········· 77
- 4.6 空间一致性优化 ·········· 79
- 4.7 实验 ·········· 80
  - 4.7.1 实验设置 ·········· 80
  - 4.7.2 SID 数据集上的实验 ·········· 82
  - 4.7.3 流行数据集上的实验 ·········· 89
  - 4.7.4 基于深度学习特征提取方法和基于人工设计特征提取方法的比较 ·········· 91
- 4.8 本章小结 ·········· 92

第 5 章 显著性在图像分类中的应用 ·········· 93

- 5.1 基于显著性的图像分类框架 ·········· 93
  - 5.1.1 分析思想的由来 ·········· 93
  - 5.1.2 图像库的显著性分析 ·········· 95
  - 5.1.3 分类框架 ·········· 96
- 5.2 特征编码技术和特征池化技术 ·········· 97
  - 5.2.1 符号说明 ·········· 97
  - 5.2.2 特征编码技术 ·········· 98
  - 5.2.3 特征池化技术 ·········· 101
- 5.3 面向场景类图像库的分类方法 ·········· 104
  - 5.3.1 多环划分的特征池化区域选择方法 ·········· 104
  - 5.3.2 多视觉词硬编码方法 ·········· 107
  - 5.3.3 实验 ·········· 108
- 5.4 面向对象类图像库的分类方法 ·········· 112
  - 5.4.1 基于显著性和空间局部约束的软编码方法 ·········· 112

  5.4.2 实验 ·· 114
 5.5 本章小结 ··· 116
第 6 章 总结与展望 ·· 117
 6.1 总结 ·· 117
 6.2 展望 ·· 118
参考文献 ·· 120

第1章 绪 论

随着互联网的普及,传统的休闲娱乐方式不再是娱乐的主体,人们更多地选择线上的娱乐方式和通信工具。在这个背景下,社交平台应运而生,图片社交已经成为社交平台的主流功能。图片社交带来了海量的社交媒体图像,有限的计算资源如何对其进行快速有效的处理已经成为亟待解决的问题。

本书研究的主要动因来自社交网站的图片处理压力。基于选择注意力机制的显著性检测技术已经成为计算机视觉和图像领域的研究热点,并广泛应用于目标检测、图像分割、图像压缩、图像检索和场景分析等领域。本节以显著性检测技术为切入点,选择图像显著区域提取方法为主要研究内容,并以图像分类计算机视觉任务作为显著区域提取方法的应用延伸,具有非常重要的理论意义和应用价值。

本章首先对研究工作的背景和意义进行说明;其次,总结显著性数据集和显著区域提取方法的研究现状,并分析存在的问题;最后,概述本书的主要研究内容及内容安排。

1.1 研究背景和意义

互联网行业一直在迅猛发展,目前全球网站数量超过 2.55 亿,全球网民数量超过 19.7 亿。近年来,随着互联网的普及,电视、广播、印刷媒体等传统的休闲娱乐方式逐渐不再是主要的娱乐方式,更多的人选择线上的娱乐方式,沟通交流也逐渐转向线上的通信工具。随着数码设备的普及,图像和视频成为了人们娱乐和交流的主体。社交需求广泛存在于生活中的各个方面,在这个背景下，社交平台应运而生、百花齐放，产生的数据量也是与日俱增。

Twitter、YouTube、Facebook 和 Flickr 是国外流行的社交平台。据统计，Twitter 一年发送的信息量超过 250 亿条、用户数量超过 1.75 亿；Facebook 用户数量超过 6 亿，每月共享的信息量超过 300 亿条，Facebook 网站视频每月浏览量超过 20 亿次，每月上传到 Facebook 网站上的视频数量超过 2000 万个，每月上传到 Facebook 网站上的图片数量超过 30 亿张，每年上传到 Facebook 上的图片数量超过 360 亿张；YouTube 网站每天视频浏览量达到 20 亿次，平均每分钟上传到 YouTube 网站上的视频时长为 35 小时；Flickr 网站托管的图片数量为 50 亿张，每分钟上传到 Flickr 网站上的图片数量超过 3000 张，每月上传到 Flickr 网站上的图片数量超过 1.3 亿张，Flickr 图片总量超过 60 亿张。

国内的社交平台数量、种类众多，主要可分为社区类、即时通信类、婚恋类、微博/博客类、娱乐类、职场类及匿名类等，国内典型的社交平台如图 1-1[46] 所示。国内的社交平台中社区类和即时通信类的应用得最多。

图 1-1　国内典型的社交平台

国内典型的社交软件有 QQ、微信、GaGa、微博、派派、陌陌等。QQ 是一款即时通信软件，支持在线聊天、视频通话、点对点断点续传文件、共享文件、网络硬盘、QQ邮箱等多种功能，支持多种语言界面及翻译，可与多种通信终端相连。微信是基于智能终端的即时通信服务的免费应用程序，支持跨通信运营商、跨操作系统平台通过网络发送免费语音短信、视频、图片和文字，还可通过摇一摇、漂流瓶寻找朋友。GaGa是一款基于翻译的国际社交软件，实时在线人工翻译，支持八种语言和九种文字。微博是一个基于用户关系信息分享、传播及获取的社交平台，通过关注机制分享简短的实时信息，可以看作一句话的博客，用户通过140字以内（包括标点符号）的文字和图片方式分享信息。陌陌是一款基于地理位置的移动社交工具，用户通过陌陌认识周围的陌生人或者朋友，免费发送地图位置、语音、图片、信息，还可绑定第三方应用。

社交平台的最初目的是为了方便人们交流沟通。但随着社交网络的完善，社交平台的功能越来越丰富，如看视频\听音乐、玩游戏、在线购物等。社交平台的功能所占的比例如图1-2所示。图1-2中的横坐标表示社交平台不同的功能，纵坐标表示不同功能占社交功能的比例。

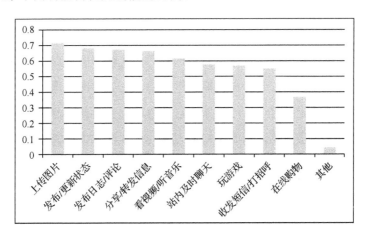

图1-2 社交平台的功能所占的比例

图1-2显示图片是应用的主体。比起文字，图片更简单、直观，更贴近人类的直觉，蕴含的信息量更大，是人们交流的主要载体。近些年，图片社交市场倍受瞩目，呈现爆发式的增长。图片分享移动应用Instagram于2010年10月

推出，到 2014 年年底就获得了 3 亿用户，成功超过 Twitter，图片数量超过 10 亿张。2012 年 Facebook 以 10 亿美元收购 Instagram，不到 3 年 Instagram 的估值就飙升到 350 亿美元，占 Facebook 总估值的 16%。Instagram 的成功证明了图片社交应用的价值和前景。国内的图片分享应用中比较有名的是 IN 和 Nice，它们与 Instagram 一样采用"图片+标签"模式，通过用户自发打在图片上的品牌、地点、心情、活动等标签衍生出了图片搜索，通过标签划分人群。IN 于 2014 年 6 月上线，8 个月内就获得了 2000 万用户量。IN 是品牌导购网站爱图购旗下的产品，围绕年轻女性用户展开功能，主打女性时尚社区。Nice 是一款可以在照片上标注标签的图片应用，主打晒男性潮牌。2014 年 12 月，Nice 完成 C 轮融资 3600 万美元；2015 年 6 月，IN 宣布完成 B 轮融资 3 亿元。生活中的多个例子都说明了图片社交市场方兴未艾，潜力巨大。

这些应用迅猛发展的同时带来了图像数量的剧增。如何对海量的图像进行有效的管理成了亟待解决的问题。然而，相对于海量的图像数据，计算资源是有限的，如何有效应用有限的计算资源来处理海量的数据给人们带来了巨大的挑战。

研究表明[1]，人类视觉系统每秒钟接收和处理的可视数据可达 10^8 到 10^9 比特，这个数据量大大超过了计算机的处理能力，人脑却能够对如此巨大的信息量进行实时处理。原因在于，在长期的进化中，人类对图像理解时，总会把注意力放在图像中最能引起注意的区域，自动忽略相对不能引起注意的区域。人类的这种自动选择感兴趣区域的感知能力称为视觉注意力机制。显著性检测技术是让计算机模拟人类的视觉注意力机制，对处理的图像进行自动的信息选择和筛选。图像中能够快速吸引观察者注意力的区域称为显著区域，显著性检测技术就是发现图像中的显著区域。显著性检测的结果称为显著图，显著图为灰度图，像素的灰度值反映像素显著度的大小。图 1-3 列举了两幅图像和其对应的显著图，像素灰度值越低（颜色越浅）说明显著值越大。

图 1-3　图像及其对应的显著图

显著性检测的优点在于能够定位到图像中的重要区域，将有限的资源分配给重要的信息，提高处理速度，提升资源利用率，为海量数据的高效处理提供可行的解决方案，处理得到的结果符合人类的视觉感知特性。目前，显著性检测的研究主要包括两个方面：显著性检测模型的研究和显著性检测应用的研究。显著性检测模型的研究和显著性检测应用的研究二者相互影响，相互促进。显著性检测模型对显著性检测应用具有指导作用，同时显著性检测应用又是对显著性检测模型的验证，也提出了新的研究方向。

以获取并理解图像来达到复制人类视觉的效果一直是人工智能的研究热点之一。基于上面的分析，本书的主要研究动因来自于社交网络的图像处理压力，所以本书选择图像显著区域提取方法为主要研究内容，目的是为海量图像的高效处理提供可行的解决方案，并以图像分类计算机视觉任务作为显著区域提取方法研究的应用对象，具有非常重要的理论研究和实际应用意义。

社交媒体图像具有标签信息，将标签信息纳入显著区域提取方法的考虑范畴，并构建新的提取模型和计算方法是本书的核心内容。围绕显著区域提取方法及其应用，本研究主要有以下 4 个创新点。

（1）构建了面向社交媒体图像的显著性数据集，为显著区域提取方法提供了实验对象。

(2) 提出了基于条件随机场模型的显著区域提取方法，该方法融合了图像外观特征和标签上下文信息，缩小了图像高级语义和低级特征之间的距离。

(3) 提出了基于多特征的显著区域提取方法，一方面将深度学习应用到社交媒体图像的显著区域提取中，另一方面，观察到人工设计特征和深度学习特征具有互补的特性，提出了基于标签和图像外观的显著图动态融合方法。

(4) 显著区域在图像分类计算机视觉任务中的应用是本研究的应用创新，进一步体现了研究的意义。

1.2 研究现状

注意属于人类的认知过程，是心理学概念，也是视觉感知的重要组成部分。通过计算机模拟注意力机制的显著性检测涉及心理学、神经科学、生物视觉和计算机视觉等相关领域，是多学科交叉的研究领域。显著性检测技术可以分为视点检测技术和显著区域提取技术，本书关注显著区域提取技术，包括显著区域提取方法和显著性数据集的构建。后面将详细介绍显著区域提取方法和显著性数据集的研究现状，并对现状进行分析。

1.2.1 显著区域提取方法的研究现状及分析

1. 显著区域提取方法的研究现状

以认知心理学家 Triesman 和 Gelade、神经生物学家 Koch 和 Ullman 为代表的研究者将视觉注意力机制主要分为两大类：自底向上（bottom-up）数据驱动的预注意机制和自顶向下（top-down）任务驱动的后注意机制。相应的，显著性检测方法根据视觉注意力机制的分类可以分为自底向上（bottom-up）的检测方法和自顶向下（top-down）的检测方法。其中，自底向上的显著性检测由底层数据驱动，没有任何先验知识，属于低级的认知过程。由于自底向上的检测过程不考虑认知任务对显著性提取的影响，处理速度较快。自顶向下的检测过程依赖于任务，依靠任务驱动进行显著性检测，属于高级认知过程。由于自顶向下的过程根据任务要进行有意识的处理，处理速度较慢。

研究人员从不同视角提出众多显著区域提取方法，方法的分类可以总结为图1-4。

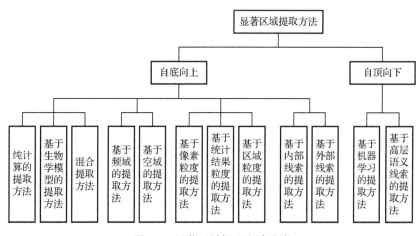

图1-4 显著区域提取方法分类

最早基于生物学模型的视觉计算模型由Koch和Ullman[7]于1985年提出。后来Itti等[8]在Koch和Ullman模型基础上并行地提取多尺度、多特征的显著图，此方法是最经典的基于生物学模型的自底向上的方法。由于基于生物学模型的显著性检测方法过于复杂，研究重点逐渐转向以对比度计算为主的提取方法，产生了纯计算模型和混合模型[9]。对比度计算是纯计算方法的关键，按照对比度的范围可以分为基于全局对比度的提取方法[11-13]和基于局部对比度的提取方法[14-17]。基于局部对比度的方法容易产生高亮的轮廓，不能均匀高亮地显示整个区域。基于全局对比度的方法能够给相似的图像区域分配相近的显著值，能高亮地显示整个区域，但计算速度一般会更慢。越来越多的研究人员从全局对比度出发，从不同的视角设计显著区域提取方法[21-22]。根据处理的图像信号是否在空域，可以将提取方法分为空域模型和频域模型[18-19]。空域模型是最直接的处理方式，不需要对图像进行变换，直接在图像的二维空间进行处理，目前的大多数方法都属于空域模型。频域模型将图像变换到频域后进行处理，相对于空域模型，基于频域的方法计算量小、速度快。参与对比度计算的单元可以分为像素级别、特征统计结果级别和分割后区域级别[20]，因此提取方法也可以按照这三种不同的级别进行分类。

值得强调的是，一种显著区域提取方法可能属于上述归纳的多个类别。

随着研究的发展，研究人员发现单纯依赖图像本身的特征（如颜色、形状、纹理等）来进行显著区域提取是不够的，因此，越来越多的研究人员利用图像外部信息辅助显著区域的计算，这类方法可以看作基于外部线索的显著区域提取方法。外部信息可以是大量的相似图像集、图像的深度信息或者图像外部的文字信息及标注。

由于本书的主要工作是基于标签信息的显著区域提取方法研究，标签可以看作图像外部的信息，所以下面将对基于外部线索的显著区域提取方法进行详细分析。

1）基于先验的提取方法

基于先验的提取方法结合了自底向上和自顶向下的优点，充分利用了底层显著特征，又融入了先验的高层语义信息。先验的高层语义信息大体可以分为特定对象的先验信息、通用的与类别无关的先验信息及背景信息。

典型的特定对象先验有人[37]、人脸[11,36-37]、汽车[36]和颜色先验（暖色调更显著）[11]、水平线[37]和中心先验[11,37]。这些工作的成功表明了先验知识在任务依赖的显著区域提取中非常重要，把这些先验知识融入目标函数中，可以改善提取性能。然而这些先验知识的使用也存在局限性，在显著图的计算中，暖色、人脸、中心等一般是人眼注意力集中的区域，使用几种特定的语义线索进行显著区域提取时，虽然在一定程度上改善了显著区域的性能，但不具有通用性，在一定程度上限定了模型的应用范围。

近期，研究工作[38-39]关注于通用的、与类别无关的对象性检测子，这种通用对象性检测子被应用到显著区域提取中[40-42]。通用对象性检测子的提取结果反映了对象存在的可能性有多大，同时也反映了对象可能存在的位置，这种先验信息对于显著区域的提取是非常有效的。通用对象性检测子的实质是强调了潜在前景像素的影响，使显著区域的提取结果更为准确、完整。然而，通用对象性检测子的检测结果也存在一些问题：检测到的区域和显著区域的概念并不完全等同，存在检测到的区域并不是显著区域的问题，并且检测出的位置准确性也有待提高。

背景信息也是在显著区域提取中经常用到的一种先验信息。文献[31]提出了背景度（backgroundness）的概念，背景度可以看作对象性（objectness）的对立概念，从相反的角度去度量显著性。测地显著性[72]就是一个代表性的工作，认为图像的边界区域更可能为图像的背景，并且将边界连接度作为先验信息辅助显著区域的提取，算法鲁棒性更强。文献[44]利用图像边框大多是背景的先验信息，通过流形排序的方法将此先验扩散并增加，得到显著区域的估计。当然，当显著区域与边界连接时会导致背景先验的失效。

2）基于机器学习的提取方法

机器学习可以通过数据的训练来改进算法的性能，在显著区域提取任务中变得越来越重要。利用机器学习方法进行显著区域提取的实质是通过学习找到视觉特征到显著区域的映射，用于预测图像中的显著区域。这种映射关系可以是线性的映射关系[30,26,13]，也可以是非线性的映射关系[31-32,34]。

典型的机器学习方法有条件随机场模型[45]、支持向量机[130]、增强决策树[129]、随机森林[31]等。一般来说，基于有监督的机器学习方法比启发式方法的特征表示更丰富。文献[30]通过条件随机场对显著区域提取问题进行建模，是一种有监督的机器学习方法，采用的多种特征包括多尺度对比度、中央-周边直方图和颜色空间分布，从局部、区域和全局的角度来描述显著区域，有效地将多特征结合起来用于显著区域的提取。文献[31]将显著性计算看成一个回归问题，首先将图像进行多尺度分割，并且提取区域的颜色对比度、区域的背景度和区域自身的属性。当然，随着特征表示的丰富必然会导致特征维数的增大。随着大规模训练样本的获得，分类器能够自动整合类型丰富的特征，并且学习到有判别力的特征，因此基于机器学习的提取方法能够获得比启发式方法更优的提取结果。

随着深度学习研究的深入，深度学习在显著区域提取方面的应用变得越来越广泛[33-35,51,97-99,131]。文献[98]采用局部显著性估计和全局显著性估计相结合的方法，训练两个深度学习网络；文献[97]采用卷积神经网络在三个不同尺度上进行特征的提取；文献[99]将全局上下文信息和局部上下文信息统一到一个深度学习框架中进行显著区域提取。深度学习模型分为多层，上一层的输出作为下一层的输入，逐层抽象出高级语义信息，很好地模拟了人脑的分层处理系统，克服了人工设计特征提取的缺点，避免了启发式融合显著性先验和特征的不合理性，能够更准确地描述图像结构的本质，所以基于深度学习方法的显著区域提取效果较非深度学习的方法有了大幅的提升。目前，基于深度学习方法的显著区域提取工作越来越倾向于探索更有效、能保留更多空间细节的网络结构。例如，文献[33]是一个通用的聚合多级卷积特征的深度框架，利用不同分辨率下的特征进行显著区域的提取；文献[34]将每一层的深度神经网络特征都进行互联，并同时利用高层特征和底层特征进行显著区域的提取；RADF[35]使用侧边融合网络集成侧边特征，以逐渐生成更精细的显著图。文献[51]设计了一个以 U 型特征金字塔网络为骨干的深度学习网络结构，加入全局导航模块和特征聚合模块，将粗糙的特征和细致的特征进行更好的融合。BASNet[131]的深度学习网络包括一个 U 型网络模块和一个改进显著区域边界质量的残差求精模块。

3）基于相似图像的提取方法

随着网络技术的发展，在网上可以获得大量的相似图像，这种便利性使得基于相似图像的显著区域提取得以实施，这是一种典型的利用图像外部信息进行显著区域提取的方法[26-29]。

文献[27]建立了一个索引图像库，索引图像库的图像均进行过标注，利用这些标注过的图像进行训练，对于新的图像，在索引图像库中搜索近邻图像，通过训练好的分类模型对新图像的区域进行显著性和非显著性的分类。文献[28]

将显著性计算定义为一个抽样问题，如果图像块由自身图像和相似图像抽样出来的概率很低，则为显著区域。文献[29]认为相似图像能够很好地对背景进行估计，进而可以通过近邻图像对图像的显著区域进行估计。

显著区域的标注工作是相当费时费力的，随着海量图像的涌现，对海量图像进行标注是不现实的。但是，随着网络技术的发展，检索到大量的相似图像是可行的，所以，如何利用相似图像对未标注的图像进行标注是一件非常有意义的事情。

4）基于深度信息的提取方法

人类生活在真实的三维世界中，深度信息对人类理解周围的世界非常重要，在视觉注意中同样具有重要的作用。近年来，研究人员开始研究如何利用深度信息进行显著区域的提取[23-25]。

文献[23]通过实验证明了深度信息对视点预测的重要性。最直观简单的方法是将深度特征引入到传统的基于外观的特征中，作为一种特征通过全局对比的方式计算其显著性。文献[25]针对RGBD数据库规模太小的问题，建立了包含5000幅深度信息的图像库，并利用底层外观特征、中层区域特征和高层先验知识等多角度进行深度特征和外观特征的融合，在一定程度上克服了已有深度特征融合方法过于简单的缺点。文献[24]提出了如何利用立体图像中的领域知识来辅助显著区域的提取，领域知识体现了对深度信息的利用。

2. 显著区域提取方法的现状分析

显著性检测技术涉及图像处理、机器学习和模式识别等相关技术。目前，对显著性检测的研究主要包括两个方面：显著性检测模型的研究和显著性应用的研究。近年来，显著性检测技术有了快速的发展，已经在图像处理和计算机视觉领域得到了广泛的应用[2-6]，但仍然存在很多问题需要进一步研究。

1）显著性模型的研究

显著性检测模型的本质是让计算机模仿人类视觉系统（HVS，Human Visual

System)去理解和分析图像,然而这是一件非常困难的事情,面临着许多挑战。人类视觉系统极其复杂,其处理原理和具体过程仍然没有完全被研究人员理解,本身就具有巨大的挑战。因此,显著性模型目前仍然没有完整统一的理论框架,有待进一步研究和完善。

2)显著性特征的选取

显著性检测方法采用的特征多种多样,它们有利有弊。如果特征选择得恰当,可以起到相互补充、相互促进的作用,可以避免某个特征导致不合理的显著区域提取。但多种特征一起参与计算,也可能起到相反的效果,而且也需要更加复杂的融合算法以保证最终的显著图更加符合人的感知特点。特征的好坏直接影响提取的效果,所以应用新的特征一直是研究人员的目标。

3)跨媒体技术的利用

随着信息技术和网络的发展,多媒体数据大量涌现,数据类型变得越来越丰富。不同类型的数据,如文本、图像、视频、声音等,在语义上具有很强的关联性,传统的单一媒体相关技术忽略了不同类型数据在语义上的共性。如何挖掘多媒体数据之间的语义关联信息以辅助显著区域的提取成为了重要的研究课题。

综上所述,虽然研究人员已经提出了多种显著区域提取方法,但仍然存在提取结果误检、漏检,检测结果模糊、不够精确、鲁棒性不高的缺点。更好的提取结果一直是研究人员追求的目标。

1.2.2 显著性数据集的研究现状及分析

1. 显著性数据集的研究现状

随着显著性检测的研究,涌现了数十个显著性数据集用于评测显著性检测方法的性能。从显著性数据集的相关文献来看,显著性数据集大体来自两个领域:一个是为了显著性研究而建立的特定数据集,另一个是从图像分割领域延伸过来的数据集。有的数据集以矩形框方式进行显著区域的标注，还有的数据集通过眼动仪进行视点图的标注，更多的数据集是在像素级进行显著区域的标注。

下面对流行的显著性数据集进行归纳总结，包括数据集的图像数量、标注形式、显著区域数量及数据集中的示例图像，如表 1-1 所示。

表 1-1 流行的显著性数据集

类型	名　称	图像数量/幅	标注形式	显著区域数量	示例图像
显著性研究的专用数据集	MSRA[45]	20840	矩形框	单个	
	ASD[19]	1000	像素级二值标注	单个	
	DUT-OMRON[44]	5168	像素级二值标注、矩形框标注、视点图	多个	
	MSRA10k[11]	10000	像素级二值标注	单个	
	MSRA5k[31]	5000	像素级二值标注	单个	
	ImgSal[68]	235	像素级二值标注	多个	
	ECSSD[14]	1000	像素级二值标注	多个	

续表

类型	名称	图像数量/幅	标注形式	显著区域数量	示例图像
显著性研究的专用数据集	HKU-IS[34]	7320	像素级二值标注	多个	
沿用图像分割领域的数据集	SOD[43]	300	像素级二值标注	多个	
	SED[50]	200	像素级二值标注	多个	
	iCoSeg[70]	643	像素级二值标注	多个	

下面对显著性数据集情况进行详细说明。

1）MSRA 数据集

文献[45]中公布了 MSRA 数据集，此数据集共包含 130099 幅图像，图像类型非常丰富，大多数图像来自图像论坛和图像搜索引擎。从下载的图像库中人工挑选了 20840 幅图像进行标注。为了保证标注的一致性、避免偏差，需要计算标注一致性分值。标注一致性分值的计算过程为：对于每幅图像，要求每个观察者画出他认为最显著区域的矩形框，对于像素 x，采用投票策略，计算像素 x 标注为显著的百分比，

$$g_x = \frac{\sum_{m=1}^{M} a_x^{(m)}}{M} \tag{1-1}$$

其中，M 为观察者数量，如果像素被第 m 个观察者标注为显著，则 $a_x^{(m)}=1$，否则 $a_x^{(m)}=0$。通过计算 g_x 的大小最终确定该像素是否为显著。

2）ASD 数据集

文献[19]从 Liu 等的数据集[45]中选出了 1000 幅图像，并为每幅图像标出像素级精度的显著区域。这个数据集是引用率非常高的显著性数据集之一。

3）DUT-OMRON 数据集

文献[44]公布的数据集包含 5168 幅高质量的图像，是手工从 140000 幅图像中挑选出来的。每幅图像中包含 1 个或多个显著区域，背景也相对复杂。每幅图像由 5 位观察者进行标注。标注结果有 3 种形式：像素级的基准集、矩形框级的基准集和眼动基准集。这是第一个具有 3 种标注结果的数据集。

4）MSRA10k 数据集

文献[11]以 Liu 等[45]的数据集为基础，从中随机挑选出 10000 幅矩形框标注一致性较好的图像，采用与文献[45]构建显著性数据集相同的一致性分值计算方法，精确标注了像素级精度的基准二值图像。

5）MSRA5k 数据集

文献[31]从 MSRA-B1 数据集中挑选了 5000 幅图像，手工分割出显著区域，得到像素级精度的基准二值图像。

6）ImgSal 数据集

文献[68]公布的数据集包含 235 幅图像，部分图像从 Google 中选取，部分图像从最近的参考文献中选取。图像尺寸为 480×640 像素。图像可以分为 6 类：50 幅包含大尺寸显著区域的图像；80 幅包含中等尺寸显著区域的图像；60 幅包含小尺寸显著区域的图像；15 幅包含杂乱背景的图像；15 幅包含重复干扰的图像；15 幅既包含大尺寸显著区域也包含小尺寸显著区域的图像。手工标注像素级精度的基准集。

7）ECSSD 数据集

尽管 ASD 数据集中的图像内容有很大变化，但是背景结构还是简单。针对 ASD 数据集的缺点，文献[14]构建了 ECSSD 数据集。此数据集包含 1000 幅图像，图像来自 BSD300 数据集[43]和网络，图像语义更丰富，结构更复杂。每幅图像由 5 位观察者进行标注，产生像素级精度的基准二值图像。

8）HKU-IS 数据集

文献[97]构建了一个具有挑战性的数据集，图像至少符合下面的一个条件：存在多个不连接的显著区域；至少一个显著区域与图像边界连接；所有显著区域和它相邻区域的颜色差异小于 0.7。3 位观察者完成显著区域的标注，得到像素级精度的基准二值图像。

9）SOD 数据集

SOD 数据集[49]包含 300 幅图像，图像来自伯克利大学的 BSD300 分割数据集[43]，包含多个前景对象，并且前景图像具有不同的大小和位置，这是第一次将分割领域的数据集用于显著性评测。为了保证标注的一致性，7 名观察者对每幅图像进行标注，标注结果为像素级精度的基准二值图像。

10）SED 数据集

SED 数据集[50]共包含两个数据子集：包含单一显著区域的数据子集 SED1 和包含 2 个显著区域的数据子集 SED2，每个子集包含 100 幅图像。此数据集由 3 位观察者进行标注，标注结果为像素级精度的基准二值图像。

11）iCoSeg 数据集

iCoSeg 是一个公开的分割数据集[70]，包含 38 组，共 643 幅图像。图像来自 Flickr 在线图片网站，每幅图像包含 1 个或多个显著区域，每幅图像都进行了像素级二值标注。

2. 显著性数据集的现状分析

随着显著区域提取的研究，涌现了数十个显著性数据集用于测试显著区域提取算法的性能。更多的数据集从矩形框标注转向像素级别的标注。数据集的图像也使简单的图像结构、中心偏差及前景和背景的明显差异变得越来越复杂，越来越具有挑战性。但数据集目前仍存在一些问题需要继续研究。

1）数据集的偏差问题

数据集的偏差问题一直是计算机视觉存在的问题。偏差可以表现为图像挑选的偏差，指建库人员易于选择有一定特点的图像，比如前景和背景对比度大的图像；或者易于选择某一类图像，比如显著区域倾向于位于图像的中心。偏差问题不但会导致图像库里面的图像类型不够丰富，也会误导算法的研究。科学的显著性数据集有利于开发鲁棒性高的显著区域提取方法，如何建立偏差小的数据集一直是研究人员的关注点。

2）数据集的性能评测问题

如何对显著性数据集进行性能评测是一个非常重要的问题。目前对数据集评测的研究不多，没有成熟的评测方法。好的性能评测方法在一定程度上能够指导数据集的合理构建。

3）图像的筛选问题

数据集中图像的挑选带有很强的人为主观因素，目前仍存在图像选取时没有明确的选取原则或者选取原则不够科学的现象，结果导致数据集具有一定的偏差。所以制定合理的图像筛选原则是研究的重点问题。

4）面向新类型图像的显著性数据集构建

随着科学技术的发展会涌现出新类型的图像。新类型的图像具有新特点，研究人员需要研究针对新类型图像的显著区域提取算法。所以构建面向新类型图像的显著性数据集为新的提取方法提供实验对象也是研究人员面临的问题。

1.3 本书的主要研究内容

当前，获取并存储图像的技术已相当成熟，但图像理解的技术还有许多问题有待研究。如果将图像理解简单地分成两个任务，一个任务是这个图像是什么，另一个任务是图像重点要表达什么。对于"图像是什么"，可以归结为图像分类问题；对于"图像重点要表达什么"，可以归结为图像的显著区域提取问题。从心理学角度来说，这两个问题并非相互独立，图像中重点表达的内容，即图像的显著区域会对图像分类产生非常大的影响。本书的研究也是基于此考虑，围绕视觉显著性展开研究，先对图像的显著区域提取方法进行研究，并将显著区域提取结果应用到图像分类中，具体研究内容如下。

1）面向社交媒体图像的显著性数据集研究

随着社交网站的流行，社交媒体图像数量剧增，社交媒体图像已经成为一类非常重要的图像来源。然而，目前还没有面向社交媒体图像的带有标签信息的显著性数据集。针对此问题，如何构建面向社交媒体图像的带有标签信息的显著性数据集成为本书的第一个研究内容。此外，随着显著性检测技术的发展，虽然已经涌现了多个显著性数据集，但显著性数据集仍存在一些局限性，如中心偏差、前景和背景差异明显、图像选取不够科学、数据集的性能评测研究不够等。如何保证所建数据集的性能，数据集如何进行性能评测也是本书的研究内容。

2）基于标签上下文的显著区域提取方法研究

研究表明，单纯依靠图像底层特征进行显著区域的提取已经不能取得令人满意的效果，越来越多的方法转向机器学习方法和高层语义信息。社交媒体图像带有标签信息，而标签是图像的高层语义信息，如何将标签上下文信息和图像外观特征融合起来进行显著区域提取，以缩小图像的高级语义和低级特征之间差距,成为了本书的主要研究内容。

3)基于多特征的显著区域提取方法研究

随着 GPU 等硬件资源的发展和大规模训练图像集的涌现,深度学习方法受到越来越广泛的关注。深度网络架构采用多层卷积和全连接策略将底层特征逐层抽象为全局化的高层特征,能否通过深度学习的方法进行显著区域提取是本书的主要研究内容之一。另外,基于人工设计特征的传统显著区域提取方法能否作为基于深度学习特征提取方法的有益补充也是本书研究的主要内容。

4)显著性在图像分类中的应用研究

从心理学角度来看,显著性检测和图像分类并非完全独立的计算机视觉任务,图像中的显著区域可以作为图像中重点表达的内容,对图像分类会产生很大的影响。因此,能否从显著性角度出发建立新的分类框架,并根据不同类型的图像库提出不同的分类方法也是本书的主要研究内容。

1.4 本书的内容安排

本书共分 6 章,内容组织结构见图 1-5。

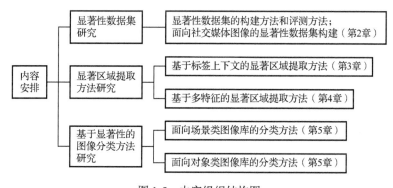

图 1-5 内容组织结构图

第 1 章介绍了本书的研究背景和意义,介绍了当前国内外相关研究的进展,分析了现有方法存在的问题，并简述本书的研究内容，最后给出了本书的内容安排。

第 2 章针对目前还没有面向社交媒体图像的显著性数据集现状，构建了此类显著性数据集，详细论述了数据集的图像来源、图像的筛选原则、图像的标注及数据集的统计分析，并和流行显著性数据集进行对比。此数据集为显著区域提取方法提供了实验对象。

第 3 章针对单纯依靠图像底层特征已经不能取得令人满意提取效果的问题，提出了基于标签上下文信息的显著区域提取方法，该方法融合标签上下文信息和图像外观特征，用大量的实验证明了方法的有效性，缩小了高级语义信息和低级图像特征的差距。

第 4 章提出了基于多特征的显著区域提取方法，将卷积神经网络深度学习方法应用于显著区域的提取，并将经典的基于人工设计特征的提取方法结果作为深度学习提取方法的有益补充，进行结果的融合。融合方法的提取结果均好于单一提取方法的结果。

第 5 章引入显著性对图像分类方法建立分类框架，将图像库分为对象类图像库和场景类图像库，并针对不同类型的图像库提出不同的分类方法，最后通过实验验证算法的性能。

第 6 章对全书内容进行总结，并讨论进一步的研究方向。

第 2 章 面向社交媒体图像的显著性数据集

经过几十年的发展，随着大量显著区域提取方法的涌现，显著性数据集也随之出现。虽然相关文献论述了显著性数据集中图像的选取和标注过程，但是缺少明确的图像筛选原则或选取方法不够科学，对数据集性能评测方法的研究非常少。针对这些问题，本章提出相应的解决方案。此外，随着社交网站的流行，社交网站上的海量图像成为一种重要的图像类型，本章另一个工作是构建一个面向社交媒体图像的带有标签信息的显著性数据集，并应用所提出的数据集评测方法对所建数据集及当前流行的数据集进行性能评测。实验结果表明了图像筛选原则、数据集评测方法及建立的数据集的有效性。新建数据集为后面章节的显著区域提取方法提供了实验对象。

2.1 引言

从显著性数据集的相关文献来看，显著性数据集来自两个领域：一是专门为显著性研究而建立的数据集，二是从图像分割领域延伸过来的显著性数据集。目前的显著性数据集主要存在如下问题。

（1）一些数据集[11,31,19]的前景和背景具有明显的差异，这种情况会导致图像中的显著区域比较容易提取。

（2）一些数据集[43,19]带有中心偏差明显。许多提取算法为了迎合数据集的中心偏差引入中心先验来提高性能，导致算法没有较好的鲁棒性。

(3) 数据集中的图像挑选带有很强的人为主观因素，在图像选取时没有给出明确的选取原则或者选取原则不够科学，导致数据集不具有普适性。

(4) 目前对显著性数据集性能评测的研究非常少，没有成熟的评测方法来评测数据集的性能，也不能指导数据集的构建。

其中，第3个问题和第4个问题是根本问题，如果有科学的图像选取方法和数据集评测方法，那么前两个问题均能够得到一定程度的解决。所以本章尝试对显著性数据集的构建和评测方法进行研究。

另外，目前随着社交网站的流行，越来越多的图像带有对图像进行描述的标签信息，带有标签信息的社交媒体图像成为一类非常重要的图像类型。然而，在目前公开的显著性数据集中还没有针对这类带有标签信息的社交媒体图像的数据集，所以非常有必要构建面向社交媒体图像的显著性数据集。

2.2 数据集的图像筛选原则与性能评测方法

为了保证数据集的性能，需要选择对显著区域提取任务具有一定难度的图像构成数据集。

本节将详细叙述显著性数据集建立时的图像筛选原则及数据集的性能评测方法。

2.2.1 图像筛选原则

目前，已经提出了大量的显著区域提取方法，这些提取方法分别从不同的角度反映出显著区域提取过程中的难点。换一种思维方式，从反方向考虑，如果数据集中的图像具有提取中要解决的难点问题，那么可以认为这样的数据集对显著区域提取工作具有一定的难度。另外，目前的文献在构建数据集时也存在一些问题，有必要对构建中的问题进行改进。以上两点是我们确定图像筛选原则的出发点。

文献[68]中构建了一个包含235幅图像的数据集。数据集中的图像被分为6类：包含大尺寸显著区域的图像、包含中等尺寸显著区域的图像、包含小尺寸显著区域的图像、具有大小不同的多个显著区域的图像、具有杂乱背景的图像、背景区域和显著区域非常相似的图像。然而，文献[68]判断显著区域尺寸的原则相当主观，何等级尺寸的显著区域为大的显著区域？何等级尺寸的显著区域为中的显著区域？何等级尺寸的显著区域为小的显著区域？没有定量的原则可以遵循，不能让人信服。针对此问题，本书采用定量的衡量方法，更加科学合理。

背景先验已经多次用在显著性的计算中。测地显著性[72]是一个代表性的工作，判断的主要依据是图像的边界区域更可能为图像的背景，图像区域离边界较远，则它为显著区域的可能性较大。文献[72]将边界连接度作为先验信息辅助显著区域的提取，算法鲁棒性变得更强。此外，文献[31]提出了背景度（backgroundness）的概念，背景度可以看作对象性（objectness）的对立概念，从相反的角度去度量显著性。然而这些文献的共同问题是当显著区域与图像边界连接时，算法将不再有效。逆向思维，可以认为显著区域连接边界的情况增加了显著区域的提取难度，数据集中增加这样的图像可以认为增加了数据集的显著区域提取难度。这也为确定图像筛选原则提供了思路。

近年来，研究人员开始定量的研究数据库偏差问题，数据集的偏差来源于图像的挑选和标注过程。文献[47]指出中心偏差是最明显的一种偏差。所以在构建数据集的时候，限制具有中心偏差倾向的图像比例，则会减小数据集的中心偏差。

在众多有关显著区域提取的文献中，都把对比度看作计算显著性的关键。当前景区域和背景区域具有明显的颜色差异时，显著区域比较容易检测出来。当前景区域与整幅图像差异较小时，自然增大了显著区域提取的难度。所以在筛选图像时，可以通过设置显著区域和背景区域的对比度阈值来提高数据集的难度。

基于上面的分析，确定了 4 个筛选图像的原则，具体如下。

1）显著区域占图像的比例

将显著区域占整幅图像的比例划分为 10 个等级，[0,0.1)、[0.1,0.2)、[0.2,0.3)、[0.3,0.4)、[0.4,0.5)、[0.5,0.6)、[0.6,0.7)、[0.7,0.8)、[0.8,0.9)、[0.9,1]。若显著区域占整幅图像的比例覆盖的等级越多，则认为显著区域的尺寸越丰富。

2）显著区域与图像边界的连接程度

在筛选时，设置数据集与图像边界连接的最小连接比例，保证数据集与边界连接的数量。

3）显著区域与图像的对比度

在筛选时，设置数据集中显著区域与图像对比度的最小值，保证数据集的显著区域提取难度。

4）图像中心区域的显著区域比例

首先，定义图像中心区域的范围。图像的宽度为 w，高度为 h，中心坐标为 (x,y)，图像中心区域范围为距离图像中心左、右最大距离为 $\beta \cdot w$，上、下最大距离为 $\beta \cdot h$ 的矩形区域，如图 2-1 所示。如果显著区域外接矩形的中心在图像中心区域范围内，则认为此图像具有中心偏差。

数据集中的图像筛选是一个反复迭代的过程，目前还不存在完美和最优的结果，只能人为地控制数据集图像筛选结束的条件。

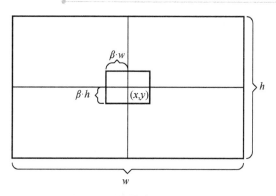

图 2-1　图像的中心区域范围

2.2.2　数据集的性能评测方法

1. 数据集的统计

根据图像筛选原则确定数据集后，制定 4 种针对数据集的统计方法，并通过统计结果评测数据集的性能。

1）统计显著区域占整幅图像比例等级的百分比

一幅图像 I 及其对应的二值标注图 G。二值标注图 G 中彼此不连通的显著区域个数为 M。x_i（$1 \leqslant i \leqslant M$）代表图像 I 中第 i 块显著区域。

显著区域的面积占整幅图像的比例划分为 10 个比例等级，[0,0.1)、[0.1,0.2)、[0.2,0.3)、[0.3,0.4)、[0.4,0.5)、[0.5,0.6)、[0.6,0.7)、[0.7,0.8)、[0.8,0.9)、[0.9,1]。若 x_i 在等级 j 中，则等级 j 内显著区域的个数加 1，$num_j = num_j+1$，$1 \leqslant j \leqslant 10$。

对数据集中的每一幅图像进行上面的操作，最后计算 10 个比例等级内的显著区域个数占所有显著区域个数的百分比。

计算过程如下。

统计数据集的显著区域占整幅图像比例等级的分布

输入：数据集 D 和它对应的二值标注集 S。

输出：显著区域占整幅图像 10 个比例等级的分布 f_n。

计算过程：

1.   for $i \in [1,10]$ do
2. $num_i = 0$; //将每个等级的数目初始化为 0
3.   end for
4.   for 图像 $I_j \in D$ do
5.   读取 I_j 和 I_j 对应的二值标注图 G_j；
6.   提取二值标注图 G_j 中连通的显著区域集合 C_j，C_j 的元素个数为 M_j；
7.   for $x_i \in C_j$，$1 \leq i \leq M_j$ do
8.   计算 x_i 的图像 I_j 面积的百分比
$$d_i = \frac{\text{area}(x_i)}{\text{area}(I_j)};$$
9.   如果 d_i 的等级为 n，则 $num_n = num_n + 1$，$1 \leq n \leq 10$；
       end for
10.   end for
11.   for $n \in [1,10]$ do

    //计算 10 个比例等级内的显著区域数量占所有显著区域数量的比例

12. $$f_n = \frac{num_n}{\sum_{n=1}^{10} num_n}$$

13.   end for

2）统计与图像边界相连的显著区域占所有显著区域的比例

一幅图像 I 及其对应的二值标注图 G。二值标注图 G 中彼此不连通的显著区域个数为 M。x_i（$1 \leq i \leq M$）代表图像 I 中第 i 块显著区域，判断 x_i 是否与图像的边界连接，如果连接，则与边界连接的显著区域个数加 1，$num = num + 1$。

对数据集中的每一幅图像进行上面的操作，最后计算与图像边界相连的显著区域个数占数据集中所有显著区域的比例。

计算过程如下。

统计数据集与图像边界相连的显著区域占所有显著区域的比例

输入：数据集D和它对应的二值标注集S。

输出：与图像边界相连的显著区域占数据集所有显著区域的比例b。

计算过程：

1.   num代表与图像边界连接的显著区域的个数，num = 0；
2.   sum代表显著区域的个数，sum = 0；
3.   for 图像$I_j \in D$ do
4.   读取I_j和I_j对应的二值标注图G_j；
5.   提取二值标注图G_j中连通的显著区域集合C_j，C_j的个数为M_j；
6.   sum = sum + M_j；
7.   for $x_i \in C_j$，$1 \leqslant i \leqslant M_j$ do
8.   if x_i与图像的边界连接
9.   num = num + 1；
10.   end if
11.   end for
12.   end for
13.   计算与图像边界相连的显著区域个数占所有显著区域的比例

$$b = \frac{\text{num}}{\text{sum}}$$

3）统计显著区域与整幅图像的颜色差均值

一幅图像I及其对应的二值标注图G。二值标注图G中彼此不连通的显著区域个数为M。x_i（$1 \leqslant i \leqslant M$）代表图像$I$中第$i$块显著区域。图像$I$的颜色特征为$F$，$x_i$的颜色特征为$f_i$，计算$F$和$f_i$的颜色特征差。

对数据集中的每一幅图像进行上面的操作，最后计算显著区域与图像颜色特征差的均值。

计算过程如下。

统计数据集显著区域和整幅图像的颜色特征差均值

输入：数据集 D 和它对应的二值标注集 S。

输出：数据集的显著区域与整幅图像的颜色特征差均值 $\bar{d}$。

计算过程：

1. sum 代表显著区域的个数，sum = 0；
2. d 代表显著区域与图像的颜色差，$d = 0$；
3. for 图像 $I_j \in D$ do
4.   读取 I_j；
5.   计算图像 I_j 的颜色特征 F_j；
6.   读取与 I_j 对应的二值标注图 G_j；
7.   提取二值标注图 G_j 中连通的显著区域集合 C_j，C_j 的个数为 M_j；
8.   sum = sum+M_j；
9.   for $x_i \in C_j$，$1 \leq i \leq M_j$ do
10.   计算 x_i 的颜色特征 f_i
11.   计算 f_i 与 F_j 的差异 d_{ij}；
12. $d = d + d_{ij}$；
13.   end for
14. end for
15. 计算显著区域与整幅图像的颜色特征差的均值
$$\bar{d} = \frac{d}{sum}$$

4）统计位于图像中心区域的显著区域比例

一幅图像 I 及其对应的二值标注图 G。二值标注图 G 中彼此不连通的显著区域个数为 M。x_i（$1 \leq i \leq M$）代表图像 I 中第 i 块显著区域。判断 x_i 的外接矩形中心是否属于图像 I 的中心区域。如果位于中心区域，则位于中心区域的显著区域个数加 1。

对数据集中的每一幅图像进行上面的操作，最后计算位于中心区域的显著区域占所有显著区域的比例。

计算过程如下。

统计数据集位于图像中心区域的显著区域比例

输入：数据集 D 和它对应的二值标注集 S。

输出：数据集的位于图像中心区域的显著区域比例 c。

计算过程：

1. num 代表位于图像中心区域的显著区域的个数，num = 0；
2. sum 代表显著区域的个数，sum = 0；
3. for 图像 $I_j \in D$ do
4. 读取 I_j 及 I_j 对应的二值标注图 G_j；
5. 提取二值标注图 G_j 中连通的显著区域集合 C_j，C_j 的个数为 M_j；
6. sum = sum + M_j；
7. for $x_i \in C_j$，$1 \leq i \leq M_j$ do
8.   if x_i 的外接矩形的中心位于图像的中心区域
9.   num = num + 1；
10.   end if
11. end for
12. end for
13. 计算位于图像中心区域的显著区域个数占所有显著区域的比例

$$c = \frac{\text{num}}{\text{sum}}$$

2. 数据集的性能分值计算

对一个数据集进行前面的 4 种统计方法计算后，再计算数据集的性能分值。假设 4 种统计方法的重要性是一样的，数据集性能分值的计算方法如下：

$$\text{score} = f + (1-b) + d + c \tag{2-1}$$

其中，score 代表数据集的性能分值。

数据集的显著区域占整幅图像的比例等级共有 10 个值，是一个分布，计算这个分布的方差 f，当分布中各个等级都包含时，方差会较小，反映出显著区域的尺寸比较丰富。

式（2-1）中，b 代表数据集中与图像边界连接的显著区域比例，比例越大反映提取的难度越大，相应的，$1-b$ 会越小。

d 表示数据集中显著区域与整幅图像颜色差的均值，d 越小，表示显著区域与背景区域的差距越小，显著区域提取的难度会越大。

c 代表显著区域具有中心先验的比例，比例越小，说明数据集受中心先验偏差的影响越小，难度越大。

对显著性数据集集合中的每个数据集都计算性能分值，根据性能分值得到数据集的性能排序。分值越小说明数据集的性能越好。

2.3 面向社交媒体图像的显著性数据集的构建

正如前面分析，目前社交媒体图像的数量与日俱增，并且具有标签的特点，然而并不存在面向社交媒体图像的显著性数据集，下面将详细论述构建一个此类数据集的过程，并对建立的数据集进行统计分析和性能评测。

2.3.1 图像来源

互联网已经发展为以人为中心的 Web2.0，这种媒体承载了人与人之间的相互关系，被称为社交媒体（Social Media）。用户不仅可以创建自己的多媒体内容，也可以使用文字描述媒体内容，这是社交媒体的重要特点。文本也被称为标签（Tag），这些标签为网络媒体对象提供了有意义的描述方式，极大地方便了用户组织和索引自己创建的媒体内容。

面对海量的社交媒体图像及其带有的标签信息，越来越多的研究者开始思考如何利用标签信息进行更好的图像处理，如图像索引、图像检索和图像标注等工作。为了方便研究人员展开研究工作，新加坡国立大学建立了一个名为 NUS-WIDE 的图像数据集，该数据集有以下三个特征：①包含 269648 幅图像，图像选自 Flickr 社交图像共享网站，共带有 5018 个不同的标签；②对这些图像提取了 6 种类型的底层特征，包括 64 维颜色直方图、144 维颜色相关图、73 维边缘方向直方图、128 维小波纹理特征、225 维颜色矩和 500 维 SIFT 描述子的词包特征；③为研究人员的评价算法，提供了 81 个标签的基准标签集。

我们随机选取了 10000 幅图像，这些图像来自 NUS-WIDE 数据集的 38 个文件夹，包括 carvings、castle、cat、cell_phones、chairs、chrysanthemums、classroom、cliff、computers、cooling_tower、coral、cordless、couga、courthouse、cow、coyote、dance、dancing、deer、den、desert、detail、diver、dock、close-up、cloverleaf、cubs、dall、dog、dogs、fish、flag、eagle、elephant、elk、f-16、facade 和 fawn。

2.3.2 图像标注

矩形框级别的标注不能准确地包括区域的边缘，标注结果不精确，所以对 10000 幅图像采用像素级别的二值标注。

5 个观察者进行标注，第一眼看到图像时选择出一个或多个显著区域。由于不同用户标注的显著区域通常是不一致的，为了减少标注的不一致性，计算每个像素标注的一致性分值，计算方法如式（2-2）。

$$s_x = \frac{\sum_{p=1}^{N} a_x^{(p)}}{N} \quad (2\text{-}2)$$

其中，$a_x^{(p)}$ 表示第 p 个观察者对像素 x 的标注，如果标注为显著，则 $a_x^{(p)}=1$；否则，$a_x^{(p)}=0$。N 为观察者的个数，通过 s_x 的大小确定该像素是否为显著。与文献[19]一样，如果一个像素有 50% 的观察者标注为显著，则认为它是显著的。

最后，2 个观察者使用 Adobe Photoshop 手动从图像中分割出显著区域。

2.3.3 图像筛选

对随机选出的 10000 幅图像,采用 2.2.1 节的方法进行筛选,筛选条件如下。

(1)显著区域和整幅图像的颜色对比度小于 0.7。

(2)显著区域占整幅图像的比例要求覆盖 10 个等级,[0,0.1)、[0.1,0.2)、[0.2,0.3)、[0.3,0.4)、[0.4,0.5)、[0.5,0.6)、[0.6,0.7)、[0.7,0.8)、[0.8,0.9)和[0.9,1]全部覆盖。

(3)至少有 10%图像的显著区域与图像边界是相连的。

(4)位于图像中心区域的显著区域比例低于 20%。

经过 5 次筛选后,最终选定了 5429 幅图像构成显著性数据集。

2.3.4 数据集的统计分析与性能评测

本小节首先对新建的数据集应用 2.2.2 节的统计方法进行统计分析,然后按 2.2.2 节的评测方法对新建的数据集进行性能评测。为了验证新建数据集的性能,还对当前流行的 7 个显著性数据集进行同样的统计分析和性能评测,最后根据数据集的性能分值进行排序。为了方便起见,新建的数据集简称为 SID(Social Image Dataset)。当前流行的 7 个显著性数据集为 ECSSD[14]、ASD[19]、MSRA5k[31]、MIT[37]、ImgSal[68]、MSRA10k[48]、DUT_OMRON[44]。

1. 统计与图像边界相连的显著区域占所有显著区域的比例

首先,判断显著区域是否与图像边界相连;然后,统计与图像边界相连的显著区域个数;最后,计算占数据集所有显著区域的比例。与图像边界连接的显著区域比例如表 2-1 所示。

表 2-1 与图像边界连接的显著区域比例

数据集	显著区域总数/个	与图像边界连接的显著区域数量/个	比例/%
SID	7104	1193	17
ECSSD	1171	225	19
ASD	1209	18	1
MSRA5k	5594	191	3
MIT	1015	107	11
ImgSal	480	1	0.2
MSRA10k	6841	556	8
DUT_OMRON	10915	590	5

从表 2-1 可以看出，SID 数据集中显著区域与图像边界连接的比例较高，仅低于数据集 ECSSD。

2. 统计显著区域与整幅图像的颜色差均值

计算一幅图像中显著区域的颜色特征，先计算整幅图像的颜色特征，然后计算两种颜色特征之间的差异。当每幅图像都计算完毕之后，再计算整个数据集的平均颜色特征差。显著区域与整幅图像的颜色差均值如表 2-2 所示。

表 2-2 显著区域与整幅图像的颜色差均值

数 据 集	颜色差均值
SID	0.0001
ImgSal	0.3014
ECSSD	0.0455
ASD	1
MSRA5k	0.5596
MIT	0.1831
DUT_OMRON	0.4574
MSRA10k	0.6898

众所周知，差异值越小，对显著区域与背景区域的分离就越困难。在表 2-2 中，SID 数据集的差异是最小的。

3. 统计数据集显著区域占整幅图像的比例

首先，计算显著区域占整幅图像的比例，比例为 10 个等级，[0,0.1)、[0.1,0.2)、[0.2,0.3)、[0.3,0.4)、[0.4,0.5)、[0.5,0.6)、[0.6,0.7)、[0.7,0.8)、[0.8,0.9)、[0.9,1]；然后，统计相应等级内显著区域的个数；最后，计算占所有显著区域的百分比。每个等级内显著区域的比例如表 2-3 所示。

表 2-3　每个等级内显著区域的比例

等级	SID	ImgSal	ECSSD	ASD	MSRA5k	MIT	DUT_OMRON	MSRA10k
[0,0.1)	51.09%	87.50%	25.62%	31.35%	23.74%	55.07%	59.05%	18.05%
[0.1,0.2)	16.67%	9.37%	26.47%	31.76%	33.88%	16.95%	20.14%	33.31%
[0.2,0.3)	11.95%	2.71%	19.21%	24.23%	25.35%	10.44%	11.68%	27.92%
[0.3,0.4)	8.26%	0.42%	10.16%	10.92%	13.25%	6.70%	5.82%	16.01%
[0.4,0.5)	5.38%	0.00%	6.75%	1.57%	3.22%	5.22%	2.51%	4.26%
[0.5,0.6)	3.43%	0.00%	4.61%	0.08%	0.46%	2.96%	0.67%	0.42%
[0.6,0.7)	1.93%	0.00%	1.96%	0.00%	0.05%	1.38%	0.10%	0.02%
[0.7,0.8)	0.91%	0.00%	1.96%	0.08%	0.05%	0.89%	0.00%	0.01%
[0.8,0.9)	0.32%	0.00%	2.22%	0.00%	0.00%	0.30%	0.01%	0.00%
[0.9,1.0]	0.04%	0.00%	1.02%	0.00%	0.00%	0.10%	0.00%	0.00%

在表 2-3 中，SID 数据集与数据集 MIT 是非常相似的，二者均包含了各种尺寸的显著区域，尺寸分布最广泛，而有的数据集 ImgSal、MSRA5k、MSRA10k、ASD 在某个等级范围内的显著区域就不存在了。

4. 统计位于图像中心区域的显著区域比例

在实验中，设定中心区域的参数 $\beta = \frac{1}{8}$，位于图像中心区域的显著区域比例如表 2-4 所示。SID 数据集具有中心先验的显著区域比例为 18.21%，不到全部显著对象的 20%，位于数据集中第三位。

表 2-4 位于图像中心区域的显著区域比例

数 据 集	显著区域总数/个	位于图像中心区域的显著区域数量/个	比例/%
SID	7104	1293	18.21
ECSSD	1171	286	18.53
ASD	1209	107	24.73
MSRA5k	5594	632	22.15
MIT	1015	142	18.13
ImgSal	480	12	14.58
MSRA10k	6841	556	23.01
DUT_OMRON	10915	1410	20.00

8 个数据集的统计信息均已计算完毕,具体见表 2-1 至表 2-4,然后应用 2.2.2 节中的性能评测方法计算每个数据集的性能得分,并进行数据集排序,数据集的性能分值及排序如表 2-5 所示。可以看出,SID 数据集的性能是最好的,ECSSD 数据集的性能排第 2 位,排在最后的是 ASD 数据集。

表 2-5 数据集的性能分值及排序

数 据 集	与图像边界相连的比例	颜色差	尺寸等级的分布方差	中心区域的显著区域比例	性能分值	排序
SID	0.17	0.0001	0.0214	0.1821	0.3736	1
ECSSD	0.19	0.0455	0.0091	0.1853	0.4299	2
ASD	0.01	1	0.0173	0.2473	1.2746	8
MSRA5k	0.03	0.5596	0.0154	0.2215	0.8265	6
MIT	0.11	0.1831	0.0251	0.1813	0.4995	3
ImgSal	0.002	0.3014	0.0675	0.1458	0.5167	4
MSRA10k	0.08	0.6898	0.0149	0.2301	1.0148	7
DUT_OMRON	0.05	0.4574	0.0307	0.2	0.7381	5

基于上面的分析,新建数据集的图像不局限于一个显著区域,并且显著区域的位置不局限于图像的中心,显著区域的尺寸非常丰富。此外,数据集的图像前景和背景差异小。而且,SID 数据集带有标签信息,为面向社交媒体图像的显著区域提取算法提供了实验对象。

2.3.5 数据集的典型图像

在 SID 数据集中，显著区域可以多个、显著区域不一定位于图像的中心、显著区域的尺寸非常丰富。典型的图像、对应的像素级二值标注及带有的标签信息如图 2-2、图 2-3、图 2-4、图 2-5 所示。图 2-2 是只包含一个显著区域的图像；图 2-3 是包含多个显著区域的图像；图 2-4 是包含杂乱背景的图像；图 2-5 包含各种尺寸显著区域的图像，显著区域的比例可以属于[0,0.1)、[0.1,0.2)、[0.2,0.3)、[0.3,0.4)、[0.5,0.6)、[0.7,0.8)、[0.8,0.9)和[0.9,1]。

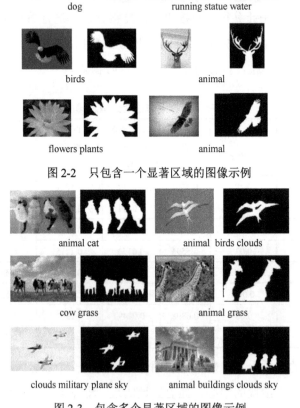

图 2-2　只包含一个显著区域的图像示例

图 2-3　包含多个显著区域的图像示例

coral fish water
animal grass
animal birds valley
animal grass leaf

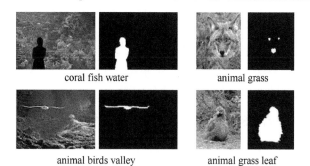

图 2-4 包含杂乱背景的图像示例

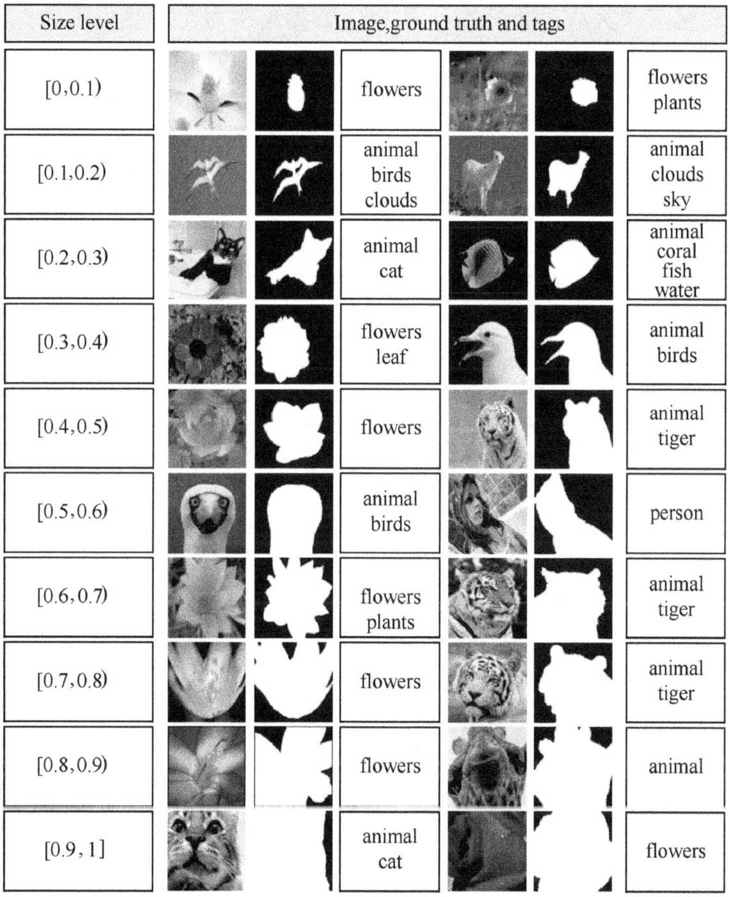

Size level
Image,ground truth and tags
[0,0.1)
flowers
flowers plants
[0.1,0.2)
animal birds clouds
animal clouds sky
[0.2,0.3)
animal cat
animal coral fish water
[0.3,0.4)
flowers leaf
animal birds
[0.4,0.5)
flowers
animal tiger
[0.5,0.6)
animal birds
person
[0.6,0.7)
flowers plants
animal tiger
[0.7,0.8)
flowers
animal tiger
[0.8,0.9)
flowers
animal
[0.9,1]
animal cat
flowers

图 2-5 包含各种尺寸显著区域的图像示例

2.3.6 数据集的标签信息统计

现在对 SID 数据集中的标签信息进行统计。NUS-WIDE 数据集提供了一个包含 81 个标签的集合，SID 显著性数据集的标签集合来自这 81 个标签的集合。SID 数据集中出现的标签总数为 78。每幅图像包含 1-9 个标签。标签大体可以分为两类：场景标签和对象标签。场景标签表示场景，也就是环境。对象标签描述的是实体对象，如狗、猫、人和鸟等。对象和显著区域有着密切的关系，本研究的后续工作关心对象标签。对 SID 数据集中每个标签出现的频次进行统计，如图 2-6 所示。

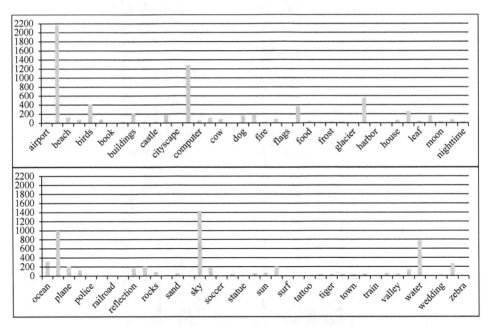

图 2-6 SID 数据集中每个标签出现的频次

（横轴为标签的名称，纵轴为标签出现的频次）

2.4 本章小结

本章首先分析了目前的显著性数据集及数据集构建中存在的问题，提出了构建数据集时图像的筛选原则及数据集的性能评测方法；进而针对目前没有面向社交媒体图像的显著性数据集的状况，构建了面向社群图像的显著性数据集。此数据集包含 5429 幅图像，图像选自 NUS-WIDE 数据集的 38 个类别，共包含 78 个不同的标签。数据集没有明显的中心先验；图像中的显著区域不限于一个；显著区域的尺寸覆盖范围非常丰富。此外，为了衡量数据集的性能，对新建数据集和目前流行的 7 个数据集进行了性能评测；SID 数据集带有标签信息，也为提出新的显著区域提取算法提供了实验对象。

第3章 基于标签上下文的显著区域提取方法

经过几十年的发展,涌现了大量的显著区域提取方法,但是很多方法是基于图像本身信息的,传统的单一媒体相关技术忽略了文本与多媒体数据在语义上的共性。由于文本数据与图像数据具有互补性的特点,如何挖掘多媒体这两数据之间的语义关联信息并将两者有机地融合成为研究的热点,也是本章的主要出发点。本章面向带有标签信息的社交媒体图像,研究基于标签上下文信息的显著区域提取方法,详细论述该方法的实现过程,并通过大量的实验验证方法的有效性。

3.1 引言

标签含有重要的语义信息,虽然在图像标注和分类任务中有广泛的应用[81],但在显著区域提取方面应用并不多,标签信息和显著区域提取任务通常是分开处理的。

利用标签进行显著区域提取的相关工作主要有两个:一个是标签排序和显著区域提取相互促进的工作[82],另一个是 Tag-saliency 方法[83],这两篇文献均用到了标签语义信息。文献[82]将标签排序任务和显著区域提取任务整合在一起,迭代地进行标签排序和显著区域的提取。文献[83]提出 Tag-Saliency 模型,通过基于层次的区域分割和自动标注技术进行多媒体数据标注,标注获得的高层语义信息辅助显著区域的提取。文献[82]的问题是并没有利用标签信息提出新的显著区域提取方法,核心思想仍然是利用显著区域的提取结果改善标签排序的结果,而且在文献[82]的实验中,采用两个数据集实现标签排序结果的验证,并没有显著区域提取效果提升的定量验证。文献[83]的问题是标签语义表现为区域标注,显著区域的提取效果依赖于区域标注的效果;采用多示例学习方法进行区域的标注,多示例学习区域标注方法不容易泛化;实验仅验证了文献[83]自己构建的数据集,并没有在流行数据集上进行验证。此外,文献[82]和文献[83]均没有考虑标签的上下文信息。

本章的工作和文献[82]、文献[83]的工作不同,主要体现在以下两点。

(1) 本章的工作是把标签的语义信息转化为区域卷积神经网络(RCNN)特征,由于RCNN技术[80]是基于卷积神经网络的,比多示例学习的区域标注方法泛化性更好,结果也更准确,更能改善传统的显著区域提取方法。

(2) 本章的工作通过条件随机场模型对显著区域提取进行建模,模型中的二元关系不但考虑了图像外观特征的空间关系,也考虑了标签的上下文关系,显著区域的提取效果更好。

3.2 显著区域提取流程

基于标签上下文的显著区域提取方法面向社交媒体图像,所以提取方法充分考虑社交媒体图像带有标签信息的特点,将标签信息纳入显著区域提取方法中,其显著性计算包括两方面特征:图像的外观特征和图像的标签语义特征。增加图像标签语义特征的计算是本方法区别于传统提取方法的最大特点。

基于标签上下文的显著区域提取方法流程如图3-1所示。处理过程包括训练过程和测试过程,具体步骤如下。

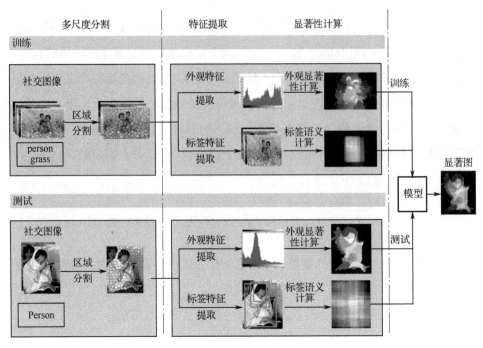

图 3-1 显著区域提取方法流程图

（1）对输入的图像进行超像素分割。超像素是像素聚类的结果，可以认为超像素内的像素是同质的。

（2）提取图像的外观特征，对其进行显著性计算。

（3）提取标签语义信息，对其进行语义特征的计算。

（4）在训练阶段，对基于外观的显著性和基于标签的语义特征进行训练，得到模型。

（5）在测试阶段，将基于外观的显著性和基于标签的语义特征输入到训练阶段的模型中，得到最终的显著图。

提取方法同时考虑了两种特征：图像外观特征和标签语义特征，对这两种特征的显著性及语义特征如何计算和融合是需要重点解决的问题，在后面会进行详细的论述。

3.3 显著区域提取方法建模

3.3.1 条件随机场模型介绍

条件随机场模型由 Lafferty 等人[73]于 2001 年提出,最早应用于自然语言处理,在分词、词性标注和命名实体识别等序列标注任务中取得了很好的效果。条件随机场模型结合了最大熵模型和隐马尔可夫模型的特点,是一种无向图模型。条件随机场模型是一个典型的判别式模型,其联合概率可以写成若干势函数联乘的形式,其中最常用的是指数线性模型。此模型可以学习到多个特征的最优组合,特征包括底层视觉特征,如颜色、边缘等,或者多个训练好的高层特征,例如 BoW、基于部分的检测器等;并且包含了基于图切和置信度传播的推理功能,能够对特定的视觉问题进行推理。从这个意义上来说,研究人员通常会用条件随机场模型来整合不同的特征[76]或进行标注结果的优化[77]。

近年来,条件随机场模型通过灵活的框架结构将不同的特征相结合,越来越多地应用于计算机视觉领域[74-75]。在显著区域提取方面,一些研究工作也使用条件随机场模型来解决问题。文献[30]将图像进行多尺度的分割并提取相应的特征,然后通过条件随机场模型对显著区域提取进行建模。文献[78]通过联合学习条件随机场模型和字典的方法进行显著区域提取。文献[26]通过学习条件随机场模型参数将不同方法提取得到的显著图进行整合,得到最终的显著图。文献[79]将条件随机场模型用于分割能量函数的形式化描述,从图像和视频中分割得到显著区域。

基于条件随机场模型的成功应用,本章采用条件随机场模型对基于外观的显著性和基于标签的语义特征进行建模。

3.3.2 提取方法的模型描述

采用条件随机场模型对图像的显著区域提取进行建模,首先对模型中用到的符号及含义进行说明。

I 代表一幅图像；S 代表图像 I 的显著图；对图像 I 进行超像素分割，s_i 代表图像 I 中第 i 块区域的显著值；t_i 代表图像 I 中第 i 块区域的标签语义特征；x_i 代表图像 I 中第 i 块区域的外观显著性特征。

显著性由图像的外观显著性特征、标签语义特征及相邻区域的相互作用共同决定。模型描述如下。

$$P(s|t,x) = \frac{1}{Z}\exp[\sum_{i \in M} U_i(s_i; t_i, x_i) + \sum_{i \in M}\sum_{j \in N_i} B_{ij}(s_i, s_j; t_i, t_j, x_i, x_j)] \quad (3\text{-}1)$$

其中，条件概率 $P(s|t,x)$ 表示显著性 s 由图像的外观特征 x 和标签语义特征 t 共同决定；Z 是概率归一化因子，也称为划分函数；U_i 是一元项，表示单一特征对显著性的影响；B_{ij} 是二元项，表示特征相互作用对显著性的影响；M 表示超像素分割的区域个数；N_i 表示第 i 块区域的近邻区域的数量。

一元项 U_i 描述了图像 I 中第 i 块区域的显著值同时由外观显著性特征 x_i 和标签语义特征 t_i 决定，可以由下面泛化的线性预测模型来描述。

$$U_i(s_i; t_i, x_i) = \log\delta(w_t^{\mathrm{T}} t_i) + \log\delta(w_f^{\mathrm{T}} x_i) \quad (3\text{-}2)$$

其中，$\delta(\cdot)$ 是 sigmoid 函数，即

$$\delta(z) = 1/(1+e^{-z}) \quad (3\text{-}3)$$

一元项 U_i 的模型参数 w_t 和 w_f 表示权重，反映了外观显著性特征 x_i 和标签语义特征 t_i 对显著性的计算起了多大的作用，我们认为在显著性计算中二者所起的作用是同样的。

二元项 B_{ij} 的计算如下。

$$B_{ij}(s_i, s_j; x_i, x_j, t_i, t_j) = \log\delta[v_t^{\mathrm{T}} u(t_i, t_j)] + \log\delta[v_f^{\mathrm{T}} u(x_i, x_j)] \quad (3\text{-}4)$$

B_{ij} 是二元项，反映了此项工作的主要思想。我们认为一个区域的显著性不仅由区域的内容决定，而且依赖于和其他区域之间的空间关系，这里区域的内容不仅包括区域的外观特征，还包括区域的语义内容，而区域的语义内容是我们的工作区别于以往仅考虑图像外观特征的主要差别。例如，一个区域具有苹果标签，和它相邻的区域如果具有草地标签，那么苹果区域显然是显著的。然而，在另外一种空间关系中，如苹果的相邻区域是梨的区域，那苹果区域就不一定是显著的了。也就是说，一个特定标签语义决定的显著性事实上依赖于它的空间上下文关系。

式（3-4）中 v_t 和 v_f 分别代表标签语义特征和外观显著性特征的权重。函数 u 代表空间约束关系。如果区域 i 在区域 j 的左上方，则 $u(x_i,x_j)=[x_i;x_j]$，$u(t_i,t_j)=[t_i;t_j]$；如果区域 i 在区域 j 的右下方，则 $u(x_i,x_j)=[x_j;x_i]$，$u(t_i,t_j)=[t_j;t_i]$。

3.4 基于图像外观的显著性计算

下面详细叙述基于图像外观的显著性计算过程。

3.4.1 多尺度的区域分割

自 20 世纪 60 年代以来，图像分割技术已经广泛应用于图像处理和计算机视觉相关领域。图像分割是将一幅图像划分为若干互不重叠的区域，传统的分割方法有网格法[100]、区域增长法[101]、聚类法[102]。同一区域内的像素可以看作是同质的，不同区域之间的特征差异比较明显。通常，图像分割结果都作为其他图像处理的预处理，分割效果也会影响后面图像处理的结果，但到目前为止尚未出现一种通用的分割方法。

在对图像进行基于图像外观的显著区域提取时，需要将图像分割成互不相交的区域。本章采用多尺度的图割方法[103]对图像进行分割，在不同的尺度下分割图像，既能在细粒度下相对精确地区分出图像的纹理、边缘等细节，又能在粗粒度下将多个分割区域合并成一个更大尺度的分割结果。

假设，将一幅图像在 N 个尺度下做分割，$R = \{R_i | 1 \leq i \leq N\}$。其中，$i$ 代表分割的尺度，i 值越小，则分割的尺度越小，图像分割的粒度越细。R_1 是初始化的分割结果，被分割的块数最多。以 R_1 为基础，通过判断两两区域间边缘像素的边的强度来判断区域是否需要合并，即弱边界的相邻区域最先合并，进而生成分割图像 S_2，以此类推，最后生成分割块数最少的图像 R_N。像素点的边强度值是用 UCM 值[104]来度量的。UCM 值规范化在[0, 1]之间，我们将层数设置为 15，每层分割图像设置了不同的 UCM 阈值来进行区域合并。

3.4.2 显著性计算

提取每个区域的外观特征，外观特征包括颜色特征和纹理特征。采用的颜色特征空间有 RGB、HSV 和 L*a*b*，分别计算三种颜色空间的平均颜色值和 256 维统计直方图特征；采用的纹理特征为 LBP 特征[85]和 LM 滤波池响应特征[86]。

图像的外观特征和基于外观的显著性计算如表 3-1 所示。

表 3-1 图像的外观特征和基于外观的显著性计算

外观特征	特征维数	特征差计算	显著性特征维数
平均 RGB 值	3	Euclid	3
RGB 直方图	256	χ^2	1
平均 HSV 值	3	Euclid	3
HSV 直方图	256	χ^2	1
平均 L*a*b*值	3	Euclid	3
L*a*b*直方图	256	χ^2	1
LM 滤波池绝对响应值	15	Euclid	15
滤波池的最大响应直方图	15	χ^2	1
LBP 直方图	256	χ^2	1

基于图像外观的显著性计算完毕后,区域内的所有像素具有与本区域相同的显著性。计算得到 29 维基于图像外观的显著性特征。

3.4.3 空间一致性优化

在对各图像区域进行显著性计算时,并没有考虑相邻区域间的空间关联关系,致使噪音点对显著区域产生影响。为了使显著图结果更加平滑,构造了如下目标函数:

$$\overline{s_i} = \min\left\{\sum_i (\overline{s_i} - s_i)^2 + \sum_{i,j} a_{ij}(\overline{s_i} - \overline{s_j})^2\right\} \quad (3\text{-}5)$$

其中,$\overline{s_i}$ 表示区域 i 优化后的显著值;s_i 表示区域 i 未优化的显著值;区域 i 为待估计的目标区域;区域 j 为区域 i 的相邻区域;α_{ij} 是描述区域 i 与区域 j 空间关联关系的权重值。下面给出 α_{ij} 的计算方法。

为了计算权重 α_{ij},首先定义分割后区域的无向图。如果区域 R_i 和区域 R_j 相邻,则有一条边连接两个区域,区域 R_i 和区域 R_j 的距离定义如下:

$$d(R_i, R_j) = \frac{\sum_{P \in \{\Omega_{R_i} \cup \Omega_{R_j}\}} ES(P)}{\Omega_{R_i} \cup \Omega_{R_j}} \quad (3\text{-}6)$$

其中,Ω_{R_i} 表示区域 R_i 的边缘像素集合;Ω_{R_j} 表示区域 R_j 的边缘像素集合;边界强度(Edge Strength)$ES(P)$ 为区域 R_i 和区域 R_j 公共边缘中像素点 P 的 UCM 值[109]。

权重值 α_{ij} 定义如下:

$$\alpha_{ij} = \exp\left\{\frac{-d^2(R_i, R_j)}{2\sigma^2}\right\} \quad (3\text{-}7)$$

当区域 R_i 和区域 R_j 相邻时,区域 R_i 和区域 R_j 的距离计算方法如式(3-6)

所示。当区域R_i和区域R_j不相邻的时候，区域R_i和区域R_j的距离为区域R_i和区域R_j的最短路径，在路径上直接相邻的区域距离的计算方法仍为式（3-6）；σ^2表示图像所有区域间距离的标准差。

3.4.4 多尺度显著图融合

对于第i幅图像，在进行区域空间关联约束后，得到图像的1、…、N尺度的显著图$\{s_i^1, s_i^2, \cdots, s_i^N\}$。我们采用线性模型将不同尺度下的显著图结果进行融合，融合公式为

$$S_i = \sum_{k=1}^{N} w_k \cdot S_i^k \qquad (3-8)$$

其中，S_i表示第i图像的融合显著图，S_i^k表示第i幅图像在尺度k下面的显著图，w_k表示尺度k的权重。

权重值$\{w_k | 1 \leq k \leq N\}$采用最小二乘法求解：

$$\{w_k\}_{k=1}^{N} = \arg\min_{w_1, w_2, \cdots, w_N} \sum_{i=1}^{Y} \left\| A_i - \sum_{k=1}^{N} w_k \cdot s_i^k \right\|^2 \qquad (3-9)$$

其中，Y表示训练集中图像的个数，A_i表示第i幅图像的标准二值标注。

3.5 标签语义特征计算

图像标签可以分为两大类：场景标签和对象标签。场景标签表示场景，也就是环境。对象标签描述的是实体对象，例如狗、猫、人和鸟等。人在注视一幅图像时，会把注意力放在图像中的对象上，即对象为图像中显著区域的可能性非常大。正因为对象和显著区域有着密切的关系，所以在基于标签语义的显著性计算中我们关注对象标签。估计一个区域属于特定对象的概率从一定程度上反映出此区域为显著区域的可能性。因此，区域属于特定对象的概率可以看

作显著性计算的先验知识。

为了提取区域属于特定对象的概率，我们采用 RCNN 技术[80]。RCNN 是一个简单、可扩展的对象检测方法，基于区域候选框（region proposal）和大容量卷积网络，极大地提高了平均准确率。整个检测系统分为 3 个模块：首先产生类别无关的区域候选框，这些候选框代表了可能检测到的对象集合，候选框的个数可选为 2000；然后利用大容量卷积神经网络对每个候选区域提取固定长度的特征向量，特征维数为 4096；最后，使用训练好的特定类别的支持向量机 SVM 分类器对候选框中的物体进行分类识别。RCNN 技术是基于卷积神经网络的，正因如此，RCNN 技术在图像分类、对象检测和图像分割等领域取得了优异的性能。所以我们采用 RCNN 技术进行对象检测。

在标签语义特征计算中，主要思路为利用 RCNN 技术抽取对象的特征，利用抽取结果进一步计算每个像素的语义特征。

假设有 X 个对象检测子，对于第 k 个对象检测子，计算过程如下。

（1）选取最可能包含特定对象的 N 个矩形框。

（2）第 i 个矩形框包含第 k 个对象的概率为 p_k^i，$1 \leq k \leq X$，$1 \leq i \leq N$。同时，区域内的每个像素和包含它的矩形框区域具有相同的概率值 p_k^i。

（3）第 k 个对象检测子检测完毕后，图像中像素包含检测对象 k 的可能性 $\sum_{i=1}^{N} p_k^i \cdot f_k^i$。如果像素被包含在第 i 个矩形框里，则 $f_k^i = 1$；否则，$f_k^i = 0$。

X 个对象检测了都检测完毕后，每个像素得到 X 维特征。X 维的特征归化后表示为 f，$f \in R^X$。f 的每一维代表像素属于每一类特定对象的概率。计算得到的标签语义特征作为先验特征辅助显著性的计算。

基于标签语义特征的计算过程如下。

标签语义特征的计算

输入：图像 I，图像 I 的像素个数为 M，X 个对象检测子。

输出：每个像素的标签语义特征。

计算过程：

1. for $m=1$：M do
2.   for $k=1$：X do
3. $t_m^k = 0$; //像素 m 的第 k 个对象的语义特征初始化为 0
4.   for $i=1$：N do
5.   提取概率为第 i 个的矩形框；
6.   矩形框 i 中每个像素的概率为 p_k^i；
7.   if 第 m 个像素在第 i 个矩形框内
8. $t_m^k = t_m^k + p_k^i$；
9.   end if
10.   end for
11.   end for
12. end for

3.6 实验

3.6.1 实验设置

1）数据集

首先选用第 2 章新建的数据集 SID；其次选择目前流行的 4 个显著性数据集，分别为 DUT_OMRON[44]、ECSSD[14]、ImgSal[68]和 SOD[49]。其中 DUT_OMRON、ECSSD 和 ImgSal 为显著性研究的专用数据集，SOD 为图像分割领域延伸过来的数据集。

SID 数据集总共包含 78 个标签，从中选择了 20 个对象标签，包括 bear、birds、boats、statue、cars、cat、computer、coral、cow、dog、elk、fish、flowers、fox、horses、person、plane、tiger、train、zebra，然后选取与对象标签相对应的 20 个 RCNN 对象检测子进行 RCNN 特征的提取，选取前 2000 个包含对象概率

最大的对象候选框用于标签语义特征的计算。

在多尺度图像分割中，分割层数为 15 层，多尺度显著值融合的权重为 {0.9432, 0.9042, 0.9337, 0.9392, 0.9278, 0.930, 0.9148, 0.945, 0.8742, 0.9177, 0.8755, 0.8616, 0.9298, 0.8742, 0.9089}。

2）比较的显著区域提取方法

选择 23 种流行的显著区域提取方法进行比较，包括 CB[87]、FT[19]、SEG[79]、RC[20]、SVO[42]、LRR[12]、SF[88]、GS[72]、CA[15]、SS[89]、HS[14]、TD[90]、MR[44]、DRFI[31]、PCA[16]、HM[21]、GC[13]、MC[22]、DSR[91]、SBF[68]、BD[92]、SMD[93] 和 BL[32]。

选择这些方法进行比较的原因在于这些方法覆盖的类型广泛，比较的结果更有说服力。从对比度的计算范围看，既包含局部对比度计算方法[14-16]，也包含全局对此度方法[12-13,20]。从显著性的计算模型看，包括了多种模型：矩阵的低秩表示[12]、结构化矩阵分解[93]、稀疏模型[90]、流形排序[44]、主成分分析[16]、贝叶斯统计[79]和高斯混合模型[13]。另外，从先验知识的角度看，包括了中心先验[14][31]、稀疏先验[12][93]、颜色先验[12]、特定对象[12]和对象性[42]等先验知识。

需要说明的是，本章的方法没有比较文献[82]和文献[83]，原因在于：文献[82]实质是标签排序，并没有提出新的显著区域提取方法；文献[83]的实验只在其自己构建的数据集上进行验证，缺少流行数据集上的实验结果。

3）实验内容

实验内容分为两部分：标签有效性的验证实验；本章方法和 23 种流行方法的比较。

3.6.2 评价指标

在定量的性能评价中，采用目前流行的性能评价指标。

1）查准率和查全率曲线（PR 曲线，Precision-Recall Curve）

给定一个数据集，图像的显著图就是灰度图，灰度值范围为[0，255]，从 0 到 255 分别设定阈值，对显著图进行二值化，然后计算二值化后的查准率与查全率。查准率是指检测出的正确显著像素与检测出的全部像素个数的比值。查全率是指检测出的正确显著像素与总的正确显著像素的比值。最后，再求数据集的平均查全率和平均查准率。

PR 曲线可以全面地对结果进行评价。在 PR 曲线图中，横轴为查全率（Recall），表明检测到的正确正样本占实际所有正样本的比例；纵轴为查准率（Precision），表明在检测结果中检测到的正样本被正确判断的比例。

2）F-measure 值

给定一个数据集，图像的显著图是灰度图，灰度值的范围为[0，255]，从 0 到 255 分别设定阈值，对显著图进行二值化，然后计算二值化后的查准率与查全率，最后再对数据集所有图像的查全率和查准率求均值。

F-measure 值是由查准率和查全率加权计算出来的数值。F-measure 计算公式如下：

$$F_\beta = \frac{(1+\beta^2) \cdot Precision \cdot Recall}{\beta^2 \cdot Precision + Recall} \qquad (3\text{-}10)$$

其中，权重 β^2 代表 F-measure 值侧重于查准率还是查全率，一般取为 0.3，表示查准率的重要性较大，也有文献将 β^2 设置为 0.5，表示查全率和查准率重要性一样。

3）受试者工作特征曲线（ROC 曲线，Receiver Operating Characteristic Curve）

ROC 曲线是最常用的评估指标之一。ROC 曲线的计算方法：在 ROC 曲线图中，横轴为假正率（FPR，False Positive Rate），计算实际的负样本中被误判为正样本的比例；纵轴为真正率（TPR，True Positive Rate），计算实际的正样本中被正确判断为正样本的比例。

4）AUC（Area Under Curve）

ROC 曲线下面的面积，简称为 AUC。通常，AUC 值介于 0.5 到 1.0 之间，较大的 AUC 值代表了较好的性能。

5）平均绝对误差（MAE）

平均绝对误差（MAE）是衡量二值化后的显著图与真实的二值化基准标注图像之间的区别，其定义为如下：

$$\text{MAE} = \frac{1}{W \times H} \sum_{x=1}^{W} \sum_{y=1}^{H} | S(x,y) - \text{GT}(x,y) | \qquad (3\text{-}11)$$

其中，W 和 H 分别为图像的宽度和高度；S 为二值化后的显著度图；GT 为二值化的基准标注图像；MAE 是指预测值与真实值之间偏差的平均值，值越小表明性能越好。

与平均误差相比，平均绝对误差由于差值被绝对值化，不会出现正负相抵消的情况，因而，平均绝对误差能更好地反映预测值误差的实际情况。

3.6.3 标签有效性的验证实验

1. 基于 SID 数据集的实验

从 3.3 节可以看出，本章基于标签语义上下文的显著区域提取方法，实质上考虑了两种特征：低级图像外观特征和高级标签语义特征。如果只考虑图像外观特征，将这种提取方法简称为 LFBS（Low Feature Based Saliency）；如果既考虑外观特征又考虑高级标签语义特征，这种提取方法简称为 TBS（Tag Based Saliency）。在 SID 数据集上，进行了 LFBS 和 TBS 的对比实验。LFBS 和 TBS 的 F-measure 值、AUC 值和 MAE 值如表 3-2 所示。LFBS 和 TBS 的 PR 曲线和 ROC 曲线如图 3-2 所示。

表 3-2 LFBS 和 TBS 的 F-measure 值、AUC 值和 MAE 值

方　　法	F-measure 值	AUC 值	MAE 值
LFBS	0.5703	0.8601	0.2103
TBS	0.6056	0.8853	0.1975

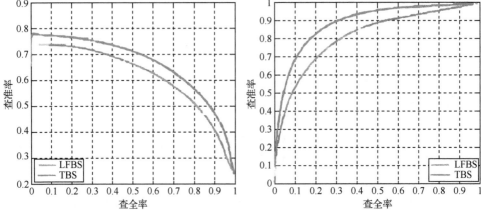

图 3-2 LFBS 和 TBS 的 PR 曲线和 ROC 曲线

在表 3-2 中，TBS 方法的 AUC 和 F-measure 值是最高的，TBS 方法的 MAE 值是最低的。在图 3-2 中，TBS 的 PR 曲线和 ROC 曲线取得了最好的结果，位置最高。实验数据表明标签语义特征对显著区域提取是非常重要和有效的，性能提升非常明显。

2. 基于流行数据集的实验

为了进一步验证标签语义信息的有效性，实验选择了目前流行的 4 个显著性数据集，分别为 DUT_OMRON、ECSSD、ImgSal 和 SOD。这 4 个数据集和 SID 数据集的最大区别在于这 4 个数据集没有图像级别的标签标注，所以在实

验中提取了这 4 个数据集的对象性特征（objectness feature）用于替代标签语义特征。对象性特征也是一种高级语义信息，可以看作与标签语义特征地位等同，但对象性特征对图像的描述没有标签语义信息精准。基于对象性的方法简称为 OBS（Objectness Based Saliency）。

DUT_OMRON 数据集、ECSSD 数据集、ImgSal 数据集、SOD 数据集的 PR 曲线和 ROC 曲线分别如图 3-3～图 3-6 所示。可以看到，OBS 方法的 PR 曲线和 ROC 曲线在 4 个数据集上都是最高的。但是在 DUT_OMRON 数据集和 ECSSD 数据集上，OBS 的 ROC 曲线提升并不是很明显，潜在的原因是对象性特征并不是精准的标签信息，并且也没有上下文信息。如果这些数据集有精准图像级别的标签标注，提取性能的提高会更明显。

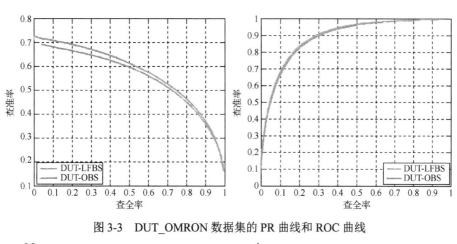

图 3-3　DUT_OMRON 数据集的 PR 曲线和 ROC 曲线

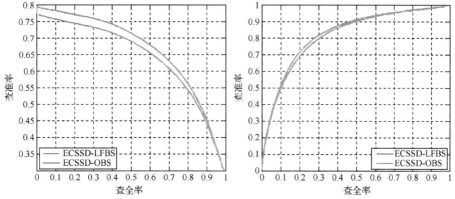

图 3-4　ECSSD 数据集的 PR 曲线和 ROC 曲线

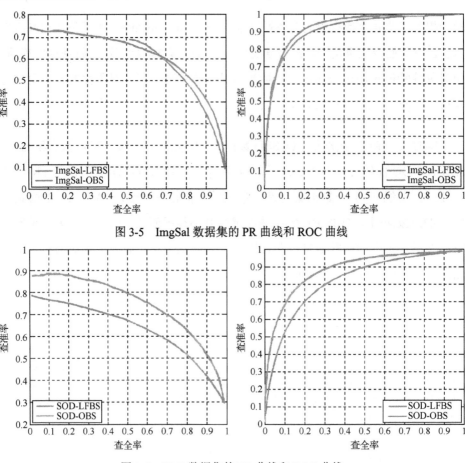

图 3-5 ImgSal 数据集的 PR 曲线和 ROC 曲线

图 3-6 SOD 数据集的 PR 曲线和 ROC 曲线

OBS 方法的提取结果相对于 LFBS 方法来说，性能有所提升，反映出语义信息的重要性和有效性。但是 OBS 和 TBS 仍存在一定差异，原因是尽管对象性和标签语义信息都属于高层语义，但是对象性检测到的候选区域和显著区域不是相同的概念；通过对象性得到的矩形框定位是不精确的，而且并没有考虑标签之间的上下文关系。基于上面的分析，所以 TBS 方法效果更好。

3.6.4 与流行方法的比较

在本节中，TBS 显著区域提取方法与 23 种流行的显著区域提取方法进行了对比，评价指标为 F-measure 值、AUC 值、MAE 值、ROC 曲线和 PR 曲线。

TBS 和 23 种流行方法的 F-measure 值、AUC 值和 MAE 值如表 3-3 所示。

表 3-3　TBS 和 23 种流行方法的 F-measure 值、AUC 值和 MAE 值

评价指标	CB[87]	SEG[79]	SVO[42]	SF[88]	CA[15]	TD[90]
F-measure 值	0.5472	0.4917	0.3498	0.3659	0.5161	0.5432
AUC 值	0.7971	0.7588	0.8361	0.7541	0.8287	0.8081
MAE 值	0.2662	0.3592	0.4090	0.2077	0.2778	0.2333
评价指标	SS[89]	HS[14]	DRFI[31]	HM[21]	BD[92]	BL[32]
F-measure 值	0.2516	0.5576	0.5897	0.4892	0.5443	0.5823
AUC 值	0.6714	0.7883	0.8623	0.7945	0.8185	0.8562
MAE 值	0.2499	0.2747	0.2063	0.2263	0.1955	0.2660
评价指标	MR[44]	PCA[16]	FT[19]	RC[20]	LRR[12]	GS[72]
F-measure 值	0.5084	0.5392	0.3559	0.5307	0.5124	0.5164
AUC 值	0.7753	0.8439	0.6126	0.8105	0.7956	0.8136
MAE 值	0.2290	0.2778	0.2808	0.3128	0.3067	0.2056
评价指标	SMD[93]	GC[13]	DSR[91]	MC[22]	SBF[68]	TBS
F-measure 值	0.6033	0.5063	0.5035	0.5740	0.4930	0.6056
AUC 值	0.8437	0.7511	0.8139	0.8427	0.848	0.8853
MAE 值	0.1976	0.2596	0.2105	0.2287	0.2325	0.1975

表 3-3 中的实验数据表明 TBS 的 AUC 值是最高的，高于其他所有方法；TBS 的 F-measure 值也是最高的，高于其他所有方法；除了 BD 方法，TBS 的 MAE 值比其他方法都低。

TBS 和 23 种流行方法的 PR 曲线图和 ROC 曲线图分别如图 3-7 和图 3-8 所示。可以看到，TBS 的 PR 曲线和 ROC 曲线均高于其他所有方法。

选择典型的提取结果进行 TBS 方法与 23 种流行方法的视觉效果对比，如图 3-9 所示，图像顺序为：原始图像、标准二值标注、TBS、TD[90]、SVO[42]、SS[89]、SMD[93]、SF[88]、SEG[79]、SBF[68]、RC[20]、PCA[16]、MR[44]、MC[22]、LR[12]、HS[14]、HM[21]、GS[72]、GC[13]、FT[19]、DSR[91]、DRFI[31]、CB[87]、CA[15]、BL[32]和 BD[92]。在选取的图像中，有的显著区域尺寸特别大，如第 1 幅图像；有的显著区域尺寸特别小，如第 7 幅图像；有的显著区域和背景特别接近，如

第 2 幅图像；有的显著区域的边缘提取特别困难，如第 6 幅图像。23 种流行方法的提取结果存在如下 4 种问题。

（1）有些方法提取的显著区域是不完整的，如 LRR[12]、GS[72]。

（2）有些方法提取的结果包含了非显著区域部分，如 SS[89]、TD[90]。

（3）有些方法提取的结果边界是模糊不清的，如 SS[89]、SVO[42]、SEG[79]。

（4）有些方法只能高亮显示显著区域的边缘，并不是整个显著区域，如 CA[15]、PCA[16]。

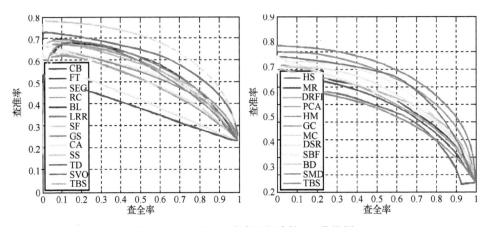

图 3-7　TBS 和 23 种流行方法的 PR 曲线图

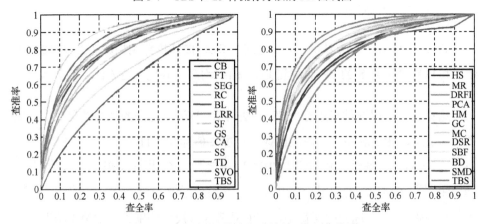

图 3-8　TBS 和 23 种流行方法的 ROC 曲线图

然而，由于考虑了标签及标签之间的上下文关系，TBS 方法得到的显著区域相对完整、均匀高亮。TBS 方法与 23 种流行方法的视觉效果对比如图 3-9 所示。

图 3-9　TBS 方法与 23 种流行方法的视觉效果比较图

有些情况，TBS 方法也不能够准确提取图像中的显著区域。提取失败的例子如图 3-10 所示，每列的图像顺序为：原始图像、标准的二值标注、显著图。产生这种情况有以下两种原因。

（1）图像中的对象太大，观测者会认为对象的某部分是显著的，而不是整个对象。例如，图像被整只猴子占满，观察者会认为显著区域是猴子的眼睛而不是整只猴子。

（2）图像背景和图像中的对象非常相近，这种情况也会导致对象的一部分是显著区域而不是整个物体。例如，图中狼的皮毛颜色和背景颜色非常相近，会导致观察者认为狼的眼睛和鼻子是显著区域而非整只狼。

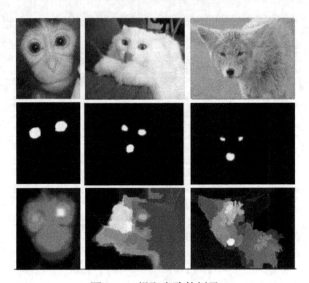

图 3-10　提取失败的例子

提取失败的原因在于显著区域和对象的概念与范畴并不完全等同。显著区域是依靠视觉注意力机制提取出来的感兴趣区域。视觉注意力机制是与认知心理学和神经生物学密切相关的一种机制，是视觉感知的重要组成部分。显著区域通常具有视觉独特性、不可预测性和稀缺性，在颜色、梯度和边缘上与周边有明显的差异。而对象是完整的有意义的事物，这与是否显著没有必然的关系，只不过在现实生活中，对象也经常是图像中的显著区域，二者有密切的联系。

值得一提的是，TBS 方法具有受噪声标签影响非常小的优点。如果标签为噪声标签，即标签对图像的内容标注不准确，则根据标签检测到的标签语义概率会非常小，非常小的标签语义概率对显著图的影响会非常小。

3.7 本章小结

本章关注社交媒体图像的显著区域提取问题，提出了基于条件随机场模型的显著区域提取方法，综合考虑了标签语义信息和传统的基于外观的特征。所提方法与 23 种流行方法进行比较，查全率和查准率都有所提升。另外还进行了标签有效性的实验，进一步验证了标签语义在显著区域提取中的重要性和有效性。大量的实验表明，基于标签上下文的显著区域提取方法能够提高显著区域的提取效果，缩小高层语义和底层特征之间的差距。

第 4 章 基于多特征的显著区域提取方法

第 3 章提出了面向社交媒体图像的基于标签上下文信息的显著区域提取方法，一方面利用图像的低级特征进行显著性计算，另一方面利用标签的高层语义信息进行显著性计算，并通过条件随机场模型进行融合。但第 3 章的方法也存在一定缺陷，在基于外观的显著性检测时，特征提取仍然依赖于人工设计的特征，具有泛化性差和鲁棒性不足的缺点，因此寻找新的更加有效的图像特征提取方法就变得非常重要。随着 GPU 等硬件资源的发展和大规模训练图像集的涌现，基于深度神经网络的显著区域提取方法近年来受到广泛的关注，深度学习可以从大数据中自动学习特征的表示，学习得到的特征能够刻画问题本质结构，较大地提高性能。虽然基于深度学习特征的显著区域提取结果整体优于基于人工设计特征的提取效果，但并不是每幅图像的提取结果都好于人工设计特征的提取结果。基于此，本章提出一种面向社交媒体图像的基于深度学习特征的提取方法，并把流行的基于人工设计特征的显著区域提取方法的提取结果作为补充，采用基于图像外观特征和标签语义近邻的显著图动态融合方法，融合过程依赖于个体图像，充分考虑不同方法之间提取结果的差异。实验结果验证了所提方法的有效性。

4.1 引言

4.1.1 图像特征的获取方法

图像处理主要包括图像特征提取、表示，以及推理、预测、识别等模型的构建。图像的特征提取和表示是图像处理的基础,图像的特征主要有两类:人工设计的特征(hand-crafted feature)和通过学习得到的特征(learned feature)。

在早期,研究人员围绕提取图像的颜色、纹理和形状等全局特征进行图像底层特征的抽取。然而这些早期的全局特征往往鲁棒性较差,会造成图像处理和理解存在很多问题,比如光照和遮挡对图像的影响等问题。后来,越来越多的局部特征描述子[94-95]被提出来。相对于全局特征,局部特征具有很好的鲁棒性,能够很好地处理图像的平移、遮挡、光照变化、旋转、噪音等问题。然而,这些特征都属于人工设计的特征。人工设计特征是指人们指定某种特定规则,基于这种规则进行图像像素的描述。这种特征是一种启发式的方法,需要很强的专业知识和经验,特征调节需要大量的时间。最关键的是依赖于先验知识的人工设计特征很难捕捉到数据的本质,研究人员开始寻找机器自动学习特征的方法。

自 2006 年以来,随着 GPU 等硬件资源的发展和大规模训练图像集的涌现及认知神经科学、生物学等学科的发展,研究人员对深度学习(Deep Learning)的研究越来越深入,深度学习已广泛应用于手写数字识别、对象识别、人脸识别、图像跟踪等计算机视觉任务,成为当前语音分析和图像识别领域的研究热点。深度学习的学习模型分为多层,上一层的输出作为下一层的输入,逐层抽象出高级语义信息,其关键处理步骤是抽象和迭代。所以深度学习很好地模拟了人脑的分层处理系统,学习到的特征贴近事物的本质,更加有效。此外,深度学习算法相对于基于人工设计特征的算法通用性更强,如 Fast-RCNN 对象检测技术在人脸、行人、一般物体检测任务上都可以取得非常好的效果。而且,深度学习获得的特征具有很强的迁移能力,如在 ImageNet 上学习到的图像分类特征在场景分类任务上也能取得非常好的效果。

4.1.2 卷积神经网络

深度学习的模型很多,卷积神经网络(CNN)是比较流行的一种。卷积神经网络是一个多层的神经网络，每层由多个二维特征图组成，每个特征图由多个独立神经元组成。

卷积神经网络主要包含了 3 种基本操作：卷积、池化和非线性变换。在卷积操作中，首先确定卷积核的大小，然后按一定的步长在输入的图像或特征图上进行内积操作，得到下一层的特征图。下一层的特征图数量由卷积核的数量决定，特征图的大小由上一层输入的特征图大小、卷积核的大小和滑动步长共同决定。池化操作也称降采样操作。在上一层特征图中，首先确定区域块的大小，然后对区域块内的特征进行统计操作。统计操作大体有两种：求平均值和求最大值。平均池化是求每个区域块中特征的平均值，最大池化是求每个区域块中特征的最大值。经过池化操作后，大的特征图转化为小的特征图，降低了特征维度，防止了过拟合。非线性变换模拟了人脑对客观世界的处理过程，是一种非线性的映射过程。非线性变换通过非线性激活函数来实现，主要有 Sigmoid 函数、双曲正切函数和修正线性单元（ReLU，Rectified Linear Units）函数 3 种。

以图 4-1 为例，图 4-1 是香港中文大学的 Sun Yi 开发的用来学习人脸特征的卷积神经网络 DeepID 的网络结构图[128]。此网络结构共包含 4 个卷积层、3 个最大池化操作和 1 个全连接层，采用修正线性单元函数，再采用 softmax 回归模型进行预测。

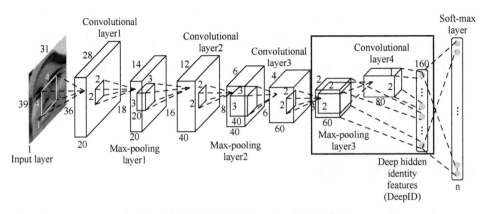

图 4-1 卷积神经网络 DeepID 的网络结构

卷积神经网络采用权值共享机制，降低了网络模型的复杂度，减少了权值的数量，使网络结构更类似于生物神经网络。尤其在图像作为网络输入的过程中，卷积神经网络避免了传统识别算法中复杂的特征提取和数据重建过程，对平移、缩放、倾斜或者其他形式的变形具有高度不变性。卷积神经网络采用多层卷积和全连接策略，能将底层特征逐层抽象为全局化的高层特征，模拟人脑视觉皮层抽取图像信息的过程。对比人工设计特征，卷积神经网络通过训练数据自动学习特征，获得的特征对数据有更本质的描述。

4.1.3 基于层次结构的显著区域提取方法

有研究显示，多尺度层次结构对显著区域提取工作更具有效性。文献[14]就提出采用这样的层次结构进行显著区域的提取，减少了小尺寸的显著区域对提取结果的影响。文献[31]在提取显著区域之前将图像进行了多尺度的分割，从而形成了层次结构，取得了较好的提取效果。多层次显著区域提取的优点是考虑了图像多尺度的特点，解决了单一分割的局限性，从一定程度上考虑了显著区域大小不一的现象。但是这些工作仍然存在缺陷，一个明显的不足是在显著区域提取时仍采用人工设计特征。

随着研究的深入，最近的研究已经将深度体系结构应用到显著区域提取中。文献[96]通过无监督的方法学习多个中层滤波器集合进行局部的显著区域提取，并且和卷积网络得到的中层显著区域提取结果进行融合。文献[97]采用卷积神经网络得到图像的多尺度特征，包括局部区域块、邻域区域块和整幅图像，进行显著区域的提取。文献[98]训练了两个深度卷积网络：一个用于训练得到局部显著图，另一个用于训练得到全局显著图，然后将两种显著图进行融合。文献[99]采用全局上下文信息和局部区域信息相融合的方法实现显著区域提取。深度学习除了具有层次结构，还能自动学习特征，学习到的特征明显优于人工设计提取得到的特征。正因如此，基于深度学习的显著区域提取工作已经取得了较好的效果。当然，基于深度学习的提取方法也具有深度学习固有的缺点，比如深度模型理论分析的难度大，网络结构尚且无法做出合理的解释、参数众多、调节费时等缺点，训练方法需要很多经验和技巧。

4.2 基于多特征的显著区域提取方法流程

本章的显著区域提取方法包括两部分：基于深度学习特征的显著区域提取和基于人工设计特征的显著区域提取。在基于深度学习的显著区域提取中，考虑到社交媒体图像带有语义标签的特点，采用两种特征：图像的卷积神经网络特征和标签的语义特征。此外，观察到深度学习特征和人工设计特征具有互补的特性，将基于深度学习特征的提取结果和基于人工设计特征的提取结果进行融合。最后，通过全连接的条件随机场模型对融合的显著图进行空间一致性优化，得到最终的显著图。主要处理流程如图 4-2 所示。

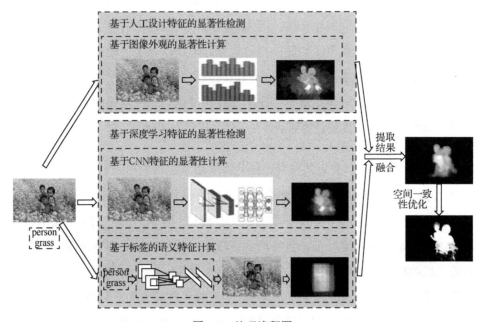

图 4-2　处理流程图

本章有以下两个贡献：

（1）提出了基于深度学习特征的显著区域提取方法，考虑到社交媒体图像带有语义标签的特点，采用两种特征：图像的 CNN 特征和标签的语义特征。

（2）观察到不同提取方法的性能不同，并且同一种提取方法对不同图像的提取效果也不同，因此将基于深度学习特征的显著图和基于人工设计特征的显著图进行融合，提出了图像依赖的显著图动态融合方法。

4.3 基于深度学习特征的显著区域提取

4.3.1 基于 CNN 特征的显著性计算

1. 网络结构

负责 CNN 特征提取的深度网络来自 Hinton 的学生 Alex Krizhevsky 在 2012 年 ILSVRC 竞赛中采用的 8 层卷积神经网络[105]，它包括 5 个卷积层和 3 个全连接层。

5 个卷积层负责多尺度特征的提取，为了实现平移不变性，每个卷积层后面都采用最大池化操作。每个全连接层后面均通过修正线性单元函数进行非线性映射。在输出层采用 softmax 回归模型得出图像块是否显著的概率。对于训练集中的每个图像，采用滑动窗口方式进行采样，采样为 51×51 的 RGB 区域块，采样步幅为 10 像素。特征自动学习后，视觉特征均包含了 4096 个元素。

修正线性单元函数[105]对每个元素进行如下操作：

$$R(x^i) = \max(0, x^i) \tag{4-1}$$

其中，x^i 代表第 i 维特征，$1 \leq i \leq 4096$。

深度学习的网络结构如图 4-3 所示。

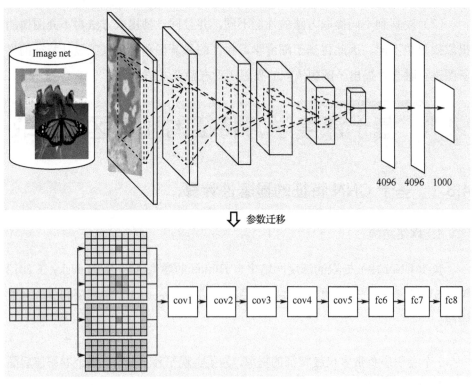

图 4-3 深度学习的网络结构

（使用 AlexNet 结构，并对网络参数进行微调）

2. CNN 特征的提取

一般来说，显著区域具有如下特点：

（1）局部差异性：局部区域总是与周围区域具有明显的特征差异。

（2）全局独特性、稀缺性：从全局范围来看，显著区域特征出现的频率低，不容易由图像的其他区域复合得到。

（3）高层语义特征：人在观察中经常注意到的对象，如人脸、汽车等，经常是图像中的显著区域。

为了有效地计算显著性，受文献[97]的启发，本章考虑了 3 种差异：图像块与相邻区域块的差异，这种差异可以看作局部对比度；图像块与图像边界的差异,考虑这种差异的原因是已有研究[31,72]显示一般情况下图像边界不是图像显著区域的可能性较大;图像块与整幅图像的差异,这种差异越大反映出图像块在图像中越稀缺。

在利用卷积神经网络进行特征提取时,提取以下 4 种区域的特征:

(1)采样的矩形区域。

(2)矩形区域的邻接区域。

(3)图像的边界区域。

(4)图像中去除矩形区域的剩余区域。

这 4 种区域如图 4-4 所示,图 4-4(a)中的红色区域代表当前区域;图 4-4(b)中的蓝色区域代表红色区域的相邻区域;图 4-4(c)中的蓝色区域代表图像的边界区域;图 4-4(d)中的蓝色区域代表去掉红色区域后的剩余区域。

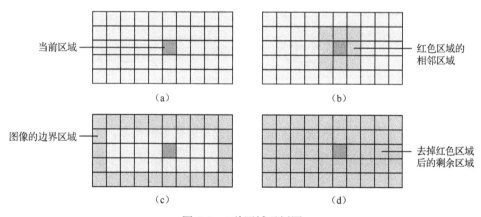

图 4-4 4 种区域示例图

采样区域输入到深度卷积神经网络,得到 4096 维深度学习特征。因为卷积神经网络提取了 4 种区域的特征,因此得到 4×4096 维的深度学习特征,用于训练和测试。

3. 网络的训练与测试

为了提升图像分类的准确度，研究人员[105]在大规模图像库 ImageNet[106]上通过 Caffe[107]训练了深度卷积神经网络。尽管此网络是为了分类任务训练的，但 ImageNet 图像库总共包含了来自 1000 个类的 120 万幅图像，所以网络参数具有很好的普适性。因此，本章采用了公开的 Caffe[108]框架，利用研究工作[105]的网络参数进行初始化，然后利用训练数据集的图像对参数进行微调。

对于训练集中的每个图像，采用滑动窗口方式进行采样，采样为 51×51 的 RGB 区域块，采样步幅为 10 像素，得到用于网络训练的区域块，并采用与文献[97]相同的标注方法对采样的区域块进行标注。在采样的图像块中，如果至少 70%的像素在基准二值标注中标注为显著，则这个图像块被标注为显著，否则标注为不显著。利用这种标注策略，获得训练区域块的集合 $\{B_i\}$ 及其相应的显著标签 $\{l_i\}$。

在微调过程中，采用权重作为 softmax 回归模型损失函数的正则项，损失函数的定义如下：

$$L(\theta) = \frac{1}{M}\sum_{i=1}^{M}\sum_{j=0}^{1}(l\{l_i = j\}\log P(l_i = j|\theta)) + \lambda\sum_{K=1}^{8}\|W_K\|_F^2 \qquad (4\text{-}2)$$

其中，θ 是可学习的参数，包括卷积神经网路各层的权重和偏置；$l\{\}$ 是符号函数；当 $j=1$ 时，$P(l_i = j|\theta)$ 表示区域 i 预测为显著区域的概率；λ 是权重衰减参数；W_K 代表第 K 层的权重。

卷积神经网络通过随机下降的方法进行训练，每次参与迭代的样本数量（batch）为 256；冲量值（momentum）为 0.9；正则化项的权重为 0.0005；学习率初始值为 0.01，当损失稳定时学习率以 0.1 的速度下降；对每层的输出采用比率为 0.5 的 drop-out 操作来防止过拟合；训练迭代次数为 80 次。

在测试的时候，通过卷积神经网络提取图像区域相关的 4 种特征，然后通过训练好的模型预测各个区域为显著区域的概率。

4.3.2 标签语义特征计算

先简单介绍一下 Fast-RCNN 技术[10]。RCNN 被称为利用深度网络进行对象检测的开山之作。RCNN 的核心思想是对每个区域提取 CNN 特征,然后通过分类器预测这个区域包含某个感兴趣对象的置信度。RCNN 存在的最大问题是重复计算的问题,对象候选框多数互相重叠,重叠部分的特征会被多次重复提取,导致速度瓶颈。Fast-RCNN 为了解决这个问题加入了 ROI Pooling 层,对每个候选区域都能提取固定维度的特征,并且候选框的回归和区域分类映射到神经网络的一个卷积层上,共享卷积特征,大大提高了检测的速度。

标签语义如果与图像区域对应起来需要大量的训练样本。本章仍然采用成熟的卷积神经网络进行对象检测,采用 Fast-RCNN[10]代替 RCNN,以提高运行速度和检测准确度。

其主要思路是将标签语义转化为 Fast-RCNN 抽取的特征,然后做进一步的处理。

假设有 X 个对象检测子,对于第 k 个对象检测子,具体计算过程如下。

(1)选取最可能包含特定对象的 N 个矩形框。

(2)第 i 个矩形框包含特定对象的概率为 p_k^i,$1 \leq k \leq X$,$1 \leq i \leq N$。同时区域内的每个像素和包含它的矩形框区域具有相同的概率值 p_k^i。

(3)第 k 个对象检测子检测完毕后,图像中的像素包含检测子对象的可能性为 $\sum_{i=1}^{N}(p_k^i \cdot f_k^i)$。如果像素被包含在第 i 个矩形框里,则 $f_k^i = 1$;否则,$f_k^i = 0$。

对每个对象检测子进行上面的操作后,像素的语义先验为 $\sum_{k=1}^{X}\sum_{i=1}^{N}(p_k^i \cdot f_k^i)$。标签语义特征计算完毕后得到标签语义图。

以图 4-5 为例，对计算过程做进一步说明。图像有 3 个检测得到的矩形框，概率分别为 p_1、p_2、p_3。红点像素因为被三个矩形框包围，其语义特征为 $p_1+p_2+p_3$；菱形像素被两个矩形框包围，其语义特征为 p_1+p_2；三角形像素被一个矩形框包围，其语义特征为 p_3。

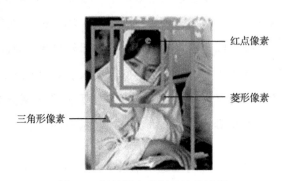

图 4-5 标签语义特征的计算过程

4.3.3 显著图和标签语义图的融合

假设基于深度学习特征的显著图为 S_D，基于 Fast-RCNN 的标签语义图为 T，二者按式（4-3）进行融合。

$$S=S_D\exp(T) \tag{4-3}$$

其中，S 表示融合后的最终显著图。在融合过程中，标签语义相当于先验，对显著值起到加权的作用。

4.4 基于人工设计特征的显著区域提取

研究表明[26]，不同的显著区域提取方法具有互补作用，即不同提取方法的提取效果存在差异，而且提取效果依赖于个体图像。我们也观察到基于人工设计特征的提取方法和基于深度学习的提取方法也具有互补现象，提取结果对比如图 4-6 所示。图中，第 1 列表示原始图像，第 2 列表示基准二值标注，第 3

列表示 DRFI[31]方法（基于人工设计特征的显著区域提取方法）的显著图，第 4 列表示 MDF[97]方法（基于深度学习特征的显著区域提取方法）的显著图。可以看出，第 4 列的提取结果比第 3 列的提取结果要差，存在包含不完整显著区域、显著区域边界模糊及误检测等现象。

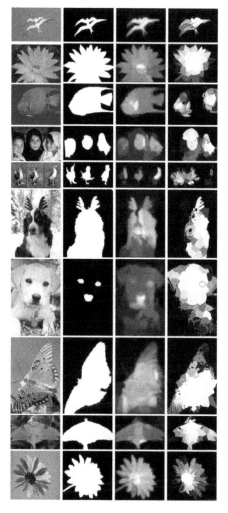

图 4-6　提取结果对比

基于上面的分析，本章采用流行的基于人工设计特征提取方法的结果作为基于深度学习特征提取结果的有益补充。

4.5 图像依赖的显著图动态融合

研究[26]显示，不同提取方法的提取性能存在差异，即使同一种检测方法对不同图像的提取效果也是不同的。然而，在没有基准二值标注的情况下，如何判断显著图的提取效果，如何在多个显著图中选择提取效果好的显著图进行融合，是一项非常困难的事情，所做的研究也非常少。

在没有基准二值标注的情况下，文献[132]进行了多种显著图的融合。此项工作定义了 6 个评价显著图是否为好的标准：显著区域的覆盖度、显著图的紧密度、显著图直方图、显著区域颜色的可分性、显著图分割质量和边界质量。根据这 6 条规则对多个显著图进行排序，最后得到融合的显著图。

本章的解决方法和文献[132]不一样，因为本章需要解决的问题是面向社交媒体图像的显著区域提取，因此本章紧紧围绕社交媒体图像带有标签信息的特点，基于标签语义和图像外观，提出了图像依赖的显著图动态融合方法，根据排序结果进行显著图融合。

4.5.1 方法思想

一幅社交媒体图像具有两部分信息：图像本身信息和标签语义信息。我们观察到，如果一种显著区域提取方法对某幅图像的提取效果好，那么对于与这幅图像相似的图像，也非常有可能取得不错的提取效果。本章的融合方法正是基于此假设。

方法的处理过程和测试过程分别如图 4-7 和图 4-8 所示。

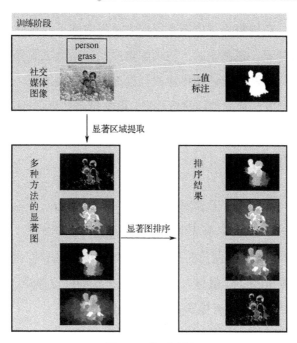

图 4-7　处理过程

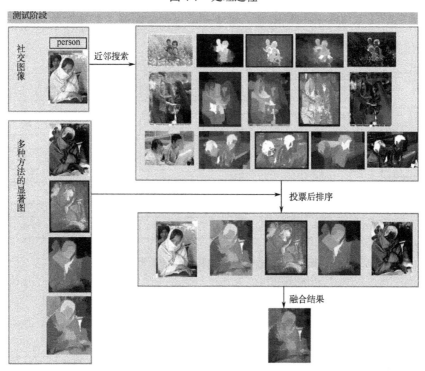

图 4-8　测试过程

在训练阶段，获得每幅图像所有提取方法提取结果的排序表，排序表可以看作测试的先验知识。在测试时，在训练集中找到与测试图像相似的图像，这些相似图像的不同方法提取性能排序表已经在训练阶段得到，采取投票的思想对测试图像的不同方法提取性能进行投票，根据投票结果进行显著区域的融合。

4.5.2 训练阶段

在训练集中，有图像 I 及其对应的基准二值标注 G，各种方法的提取结果 $S=\{S_1,S_2,S_3,\cdots,S_i,\cdots,S_M\}$，$M$ 是提取方法的数量，S_i 表示第 i 种方法的提取结果。各种方法的提取结果与图像的基准二值标注 G 进行比对，通过计算 AUC 值对提取方法进行排序，AUC 值越大，说明提取方法的性能越好。按照上面的计算方法，能够获得每幅图像所有提取方法的性能排序表。

为了方便起见，假定提取方法有 4 种，图像及其提取方法性能排序表的数据结构如图 4-9 所示。可以看到，排序表中包含了图像、各种方法提取结果的 AUC 值及方法的序号。

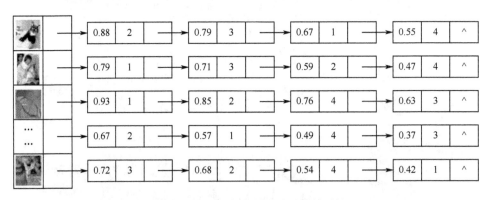

图 4-9　图像及其性能排序表的数据结构

4.5.3 测试阶段

在测试集中，图像 I 及其对应的标签集合 $T=\{t_1,t_2,\cdots,t_i,\cdots,t_N\}$，$N$ 为标签的数量。根据标签语义在训练集中进行相似标签的近邻图像检索；根据图像外观特征在训练集中进行相似外观的近邻图像搜索。根据近邻图像的显著图排序表进行提取方法的投票计算，进而获得测试图像的提取方法排序表。

1. 基于标签语义的近邻搜索

数据集的标签分为两大类：对象标签和场景标签。因为对象与显著区域有密切的关系，所以在标签语义搜索中，我们关心对象标签。

SID 数据集包含 37 个对象标签，即 animal、bear、birds、cat、fox、zebra、horses、tiger、cow、dog、elk、fish、whale、vechicles、boats、cars、plane、train、person、police、military、tattoo、computer、coral、flowers、flags、ower、statue、sign、book、sun、leaf、sand、tree、food、rocks 和 toy。在这些概念中，animal 和 bear、birds、cat、fox、zebra、horses、tiger、cow、dog、elk、fish、whale 具有父类和子类的关系；vechicles 和 boats、cars、plane、train 具有父类和子类的关系；person 和 police、military、tattoo 具有父类和子类的关系。

虽然父类和子类在类别定义上具有很大的相关性，但很多在存在的环境与外观上具有很大的差异，所以对 animal 大类的对象标签匹配，在子类级别上进行精确匹配来寻找最近邻；对 vechicles 大类的对象标签匹配，在子类级别上进行精确匹配来寻找最近邻；由于人的特殊性，对 person 大类的对象标签匹配，如果没有子类级别上的精确匹配，可以进行 person 级别的匹配。

2. 基于图像外观的近邻搜索

在图像外观的近邻搜索中，外观特征采用 RGB 颜色特征空间的 256 维统计直方图特征，并采用 χ^2 进行距离的计算。

4.5.4 基于投票机制的显著图融合

测试图像为 I，近邻的图像个数设为 k。

进行语义标签的匹配，匹配个数为 y，若 y 大于近邻图像个数 k，则在 y 个

图像中根据外观特征的相似度进行排序，选取 k 最近邻作为最终的标签语义最近邻集合。标签最近邻集合为

$$\text{img}^T = \{\text{img}_1^T, \text{img}_2^T, \cdots, \text{img}_i^T, \cdots, \text{img}_x^T\} \quad (4\text{-}4)$$

其中，x 为最终的近邻数，$x \leq k$。

进行图像外观的相似度计算，选取 k 最近邻作为外观特征的最近邻集合为

$$\text{img}^A = \{\text{img}_1^A, \text{img}_2^A, \cdots, \text{img}_i^A, \cdots, \text{img}_k^A\} \quad (4\text{-}5)$$

将式（4-4）、式（4-5）的两个近邻集合进行合并，得到

$$\text{img} = \{\text{img}_1, \text{img}_2, \cdots, \text{img}_x, \cdots, \text{img}_{x+k}\} \quad (4\text{-}6)$$

每幅近邻图像都有对应的显著图性能排序表，将每种提取方法的 AUC 值作为其投票权重，投票权重求和后得到权重总量为

$$\text{auc} = \left[\sum_{i=1}^{x+k}\text{auc}_i^1, \sum_{i=1}^{x+k}\text{auc}_i^2, \cdots, \sum_{i=1}^{x+k}\text{auc}_i^j, \cdots, \sum_{i=1}^{x+k}\text{auc}_i^M\right] \quad (4\text{-}7)$$

其中，$\sum_{i=1}^{x+k}\text{auc}_i^j$ 的 i 表示第 i 个近邻图像，j 表示第 j 种提取方法，M 表示提取方法的数量。

对权重进行归一化处理，即得每种提取方法的融合权重，表示为

$$W = [w_1, w_2, \cdots, w_i, \cdots, w_M] \quad (4\text{-}8)$$

测试图像 I 的显著区域提取结果为

$$S(I) = [S_1(I), S_2(I), \cdots, S_i(I), \cdots, S_M(I)] \quad (4\text{-}9)$$

其中，$S_i(I)$ 代表第 i 种提取方法的提取结果。

利用式（4-8）和式（4-9），得到融合后的显著图。

$$S_{\text{final}}(I) = \sum_{i=1}^{M}[w_i S_i(I)] \qquad (4\text{-}10)$$

4.6 空间一致性优化

考虑到图像在对各区域进行显著性计算时，并没有考虑相邻区域间的空间关联关系，致使噪音点对显著区域产生影响。在图像分割领域，研究人员采用全连接的条件随机场模型对分割结果进行分割区域和边缘的平滑处理。为了使显著图更加平滑，根据文献[133]的解决方法，我们采用全连接的条件随机场模型对不同特征提取到的显著图进行空间一致性优化。

将一幅图像看成图模型 $G=(V, E)$，图模型的每个顶点对应图像中的一个像素点，即 $V = \{x_1, x_2, \cdots x_j, \cdots, x_n\}$。对于边来说，如果是稀疏条件随机场，则每对相邻的像素点之间可以构造一条边；对于全连接的条件随机场模型，每个像素点要与所有像素点相连接构成边，如图 4-10 所示。定义隐变量 x_i 为像素点 i 的分类类标，y_i 为每个随机变量 x_i 的观测值。全连接条件随机场的目标是通过观测变量 y_i 推理出隐变量 x_i 的对应类标。全连接边数庞大，但文献[133]给出了快速推理算法。

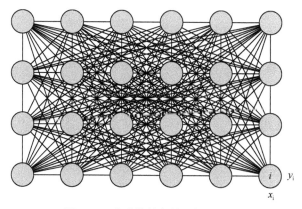

图 4-10　全连接的条件随机场模型

能量函数定义如下：

$$S(L) = -\sum_i \log P(l_i) + \sum_{i,j} \theta_{ij}(l_i + l_j) \quad (4\text{-}11)$$

其中，L 具有两个值，显著为 1，不显著为 0。$P(l_i)$ 代表像素 x_i 具有标签 l_i 的概率，在初始化的时候，$P(1) = S_i$，$P(0) = 1 - S_i$。S_i 是像素 i 融合后的显著值。

θ_{ij} 的定义如下：

$$\theta_{ij} = u(l_i, l_j) \left[\omega_1 \exp\left(-\frac{\|p_i - p_j\|^2}{2\sigma_1^2} - \frac{\|I_i - I_j\|^2}{2\sigma_2^2} \right) + \omega_2 \exp\left(-\frac{\|p_i - p_j\|^2}{2\sigma_3^2} \right) \right] \quad (4\text{-}12)$$

当 $l_i \neq l_j$ 时，$u(l_i, l_j) = 1$，否则为 0。

θ_{ij} 考虑了两方面的信息：颜色信息和位置信息。

$\omega_1 \exp\left(-\frac{\|p_i - p_j\|^2}{2\sigma_1^2} - \frac{\|I_i - I_j\|^2}{2\sigma_2^2} \right)$ 表明相近的像素如果具有相似的颜色，应该具有相近的显著值，p_i 代表像素 i 的位置，p_j 代表像素 j 的位置，I_i 代表像素 i 的颜色特征，I_j 代表像素 j 的颜色特征。

$\omega_2 \exp\left(-\frac{\|p_i - p_j\|^2}{2\sigma_3^2} \right)$ 只考虑位置信息，目的在于移除小的孤立区域。

4.7 实验

4.7.1 实验设置

本章要解决的问题仍然是带有标签信息的社交媒体图像显著区域的提取，所以首先采用第 2 章所建的显著性数据集 SID。此外，为了验证所提方法的通用性，还采用了目前流行的 6 个显著性数据集作为实验对象。

1) SID 数据集

从 SID 数据集中选择 20 个对象标签，包括 bear、birds、boats、statue、cars、cat、computer、coral、cow、dog、elk、fish、flowers、fox、horses、person、plane、tiger、train 和 zebra；选取与对象标签相对应的 20 个对象检测子进行 Fast-RCNN 特征的提取，选取前 2000 个包含对象概率最大的矩形框。

实验对比了 27 种流行方法。27 种流行的显著区域提取方法包括 CB[87]、FT[19]、SEG[79]、RC[20]、SVO[42]、LRR[12]、SF[88]、GS[72]、CA[15]、SS[89]、HS[14]、TD[90]、MR[44]、DRFI[31]、PCA[16]、HM[21]、GC[13]、MC[22]、DSR[91]、SBF[68]、BD[92]、SMD[93]、BL[32]、MCDL[99]、MDF[97]、LEGS[98]和 RFCN[110]。这些检测方法的涵盖范围特别广泛：既包含局部对比度计算方法[14-16]，又包含全局对比度方法[12-13,20]；在显著性计算时采用了多种模型，如矩阵低秩表示[12]、结构化矩阵分解[93]、稀疏模型[90]、流形排序[44]、主成分分析[16]、贝叶斯统计[79]和高斯混合模型[13]；从先验知识角度来看，这些方法中包括了中心先验[14,31]、稀疏先验[12,93]、颜色先验[12]、特定对象[12]、对象性[42]等先验知识；对比的方法包括了最近流行的深度学习方法[97-99,110]。此外，实验中还对比了第 3 章提出的 TBS 方法。

本章的提取方法包括两部分：基于深度学习特征的提取方法；基于深度学习特征提取方法和基于人工设计特征提取方法显著图融合的方法。为了表述方便，将前者简称为 DBS（Deep Learning Based Saliency Detection），而将后者简称为 FBS（Fusion Based Saliency Detection）。实验中，分别验证 DBS 和 FBS 方法的性能。

2) 6 个流行的数据集

为了验证所提方法的通用性，采用了目前流行的 6 个数据集作为实验对象，分别为 ASD[19]、DUT-OMRON[44]、ECSSD[14]、HKU-IS[97]、PASCAL-S[47]和 SOD[43]。其中 SOD[43]是来自分割领域的数据集，其他为显著性检测领域的数据集。因为 6 个流行的数据集没有图像级的标签信息,所以用提取对象性(Objectness)特征[41]替代标签语义特征。因为对象性特征也属于高级语义信息,可以看作与标签语义信息地位等同。在 DBS 方法中,用对象性特征替代标签信息,替代后的方法简称为 ODBS(Objectness and Deep learning Based Saliency Detection)。ODBS 方法比较了 11 种流行的显著区域提取方法,包括 FT[19]、RC[20]、SF[89]、HS[14]、MR[44]、DRFI[31]、GC[67]、MC[22]、BD[92]、MDF[97]和 LEGS[98]。

3)深度网络的设置

将 Cafffe 框架[108]用于深度卷积神经网络的训练和测试。网络结构包含 8 层,5 个卷积层和 3 个全连接层。网络的输入为 51×51 大小的 RGB 图像块;计算得到 4096×4 维特征;输出采用 softmax 回归模型得到显著值。卷积神经网络通过随机下降方法进行训练,每次参与迭代的样本数量(batch)为 256;冲量值(momentum)为 0.9;正则化项的权重为 0.0005;学习率初始值为 0.01,当损失稳定时学习率以 0.1 的速度下降;对每层的输出采用比率为 0.5 的 drop-out 操作来防止过拟合;训练迭代的次数为 80 次。

4)性能评价指标

在定量的性能评价中,采用如下当前流行的性能评价指标:查准率和查全率曲线(PR 曲线);F-measure 值;受试者工作特征曲线(ROC Curve);AUC 值(ROC 曲线下面的面积);平均绝对误差(MAE)。

这些指标的详细介绍可以参照 3.6.2 节。

4.7.2 SID 数据集上的实验

1. DBS 方法与 27 种流行方法的比较

基于深度学习特征的显著区域提取方法 DBS 与 27 种流行的显著区域提取

方法进行对比，评价指标为 F-measure 值、AUC 值、MAE 值、ROC 曲线和 PR 曲线。

具体的实验结果如表 4-1 和图 4-11、图 4-12 所示。

表 4-1　DBS、TBS 方法及 27 种流行方法的 F-measure 值、AUC 值和 MAE 值

评价指标	CB[87]	SEG[79]	SVO[42]	SF[88]	CA[15]	TD[90]
F-measure 值	0.5472	0.4917	0.3498	0.3659	0.5161	0.5432
AUC 值	0.7971	0.7588	0.8361	0.7541	0.8287	0.8081
MAE 值	0.2662	0.3592	0.409	0.2077	0.2778	0.2333
评价指标	SS[89]	HS[14]	DRFI[31]	HM[21]	BD[92]	BL[32]
F-measure 值	0.2516	0.5576	0.5897	0.4892	0.5443	0.5823
AUC 值	0.6714	0.7883	0.8623	0.7945	0.8185	0.8562
MAE 值	0.2499	0.2747	0.2063	0.2263	0.1955	0.2660
评价指标	MR[44]	PCA[16]	FT[19]	RC[20]	LRR[12]	GS[72]
F-measure 值	0.5084	0.5392	0.3559	0.5307	0.5124	0.5164
AUC 值	0.7753	0.8439	0.6126	0.8105	0.7956	0.8136
MAE 值	0.2290	0.2778	0.2808	0.3128	0.3067	0.2056
评价指标	SMD[93]	GC[13]	DSR[91]	MC[22]	SBF[68]	TBS
F-measure 值	0.6033	0.5063	0.5035	0.5740	0.4930	0.6056
AUC 值	0.8437	0.7511	0.8139	0.8427	0.8480	0.8753
MAE 值	0.1976	0.2596	0.2105	0.2287	0.2325	0.1975
评价指标	MCDL[99]	LEGS[98]	RFCN[110]	MDF[97]	DBS	
F-measure 值	0.6559	0.6124	0.6768	0.6574	0.6621	
AUC 值	0.8813	0.8193	0.8803	0.8483	0.8917	
MAE 值	0.1457	0.1844	0.1476	0.1556	0.1505	

从表 4-1 可以看出，在全部的 29 种方法中，F-measure、AUC 和 MAE 值排在前三位的为 4 种目前流行的深度学习方法 MCDL[99]、LEGS[98]、RFCN[110]、MDF[97] 和 DBS 方法。在某种程度上可以说深度学习的提取方法超过了非深度学习的提取方法，在提取的完整性和精度上均有所提高。其中，DBS 方法的 AUC 值是最高的，高于其他所有方法，DBS 方法的 F-measure 值仅低于 RFCN[110]，DBS 的 MAE 值是第三低的，因此 DBS 方法的整体性能不错。

PR 曲线图和 ROC 曲线图如图 4-11 和图 4-12 所示。可以看出，DBS 的 PR 曲线和 ROC 曲线均高于其他所有方法。

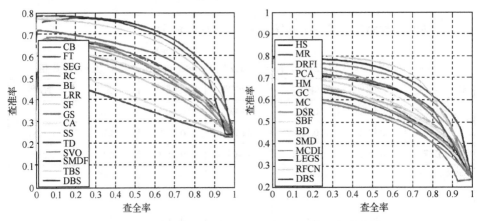

图 4-11　DBS、TBS 方法和 27 种流行方法的 PR 曲线图

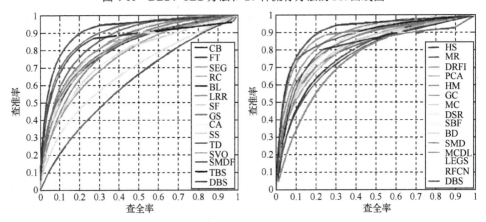

图 4-12　DBS、TBS 方法和 27 种流行方法的 ROC 曲线图

选择典型图像进行 DBS 方法、TBS 方法和 27 种流行方法的视觉效果对比，如图 4-13 所示，图像的顺序为：原始图像、标准二值标注、BL[32]、CA[15]、CB[87]、DRFI[31]、DSR[91]、FT[19]、GC[13]、GS[72]、HM[21]、HS[14]、LEGS[98]、LRR[12]、MC[22]、MCDL[99]、MR[44]、PCA[16]、BD[92]、RC[20]、RFCN[110]、SBF[68]、SEG[79]、SF[88]、SMD[93]、MDF[97]、SS[89]、SVO[42]、TD[90]、TBS 和 DBS。

27 种流行方法的提取结果存在如下问题：

（1）有些方法提取的显著区域不完整，如 LRR[12]、GS[72]和 MDF[97]。

（2）有些方法的提取结果包含了非显著区域，如 SS[89]、TD[90]、LEGS[98] 和 RFCN[110]。

（3）有些方法的提取结果边界模糊不清，如 SS[89]、SVO[42]和 SEG[79]。

（4）有些方法只能高亮地显示显著区域边缘，如 CA[15]和 PCA[16]。

此外，即使采用了深度学习方法进行提取，提取性能也不尽相同，原因在于输入到网络的图像块的上下文信息不同和学习到的特征不同，导致最终对比度的计算结果也不尽相同。DBS 方法包括了两个方面的深度学习特征，即 CNN 特征和标签语义特征，所以 DBS 方法得到的显著区域相对完整、均匀高亮。

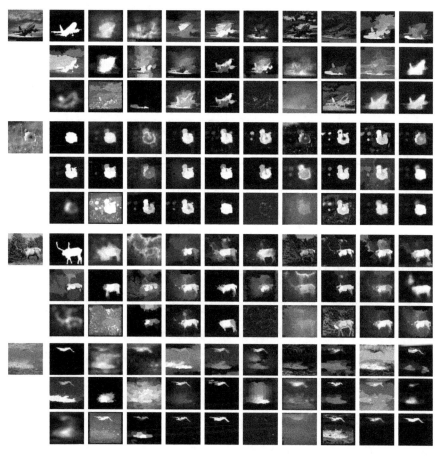

图 4-13　DBS 方法、TBS 方法和 27 种流行方法的视觉效果对比

2. DBS 和基于人工设计特征提取方法的显著图融合实验

在此采用的基于人工设计特征的提取方法有 DRFI[31]、SMD[93]、BL[32]、MC[22] 和第 3 章的 LBS 方法。

在近邻搜索中,标签语义的近邻个数设置为 4,图像外观近邻个数设置为 4。

为了验证近邻搜索的融合效果,分别进行了基于图像外观的近邻搜索融合和基于标签语义的近邻搜索融合。前者简称为 ADBS（Appearance and Deep Based Saliency），后者简称为 TDBS（Tag and Deep Based Saliency）。

将 DBS 与 ADBS、TDBS 的提取性能进行了对比,评价指标为 F-measure 值、AUC 值、MAE 值,结果如表 4-2 所示。

表 4-2　DBS 与 ADBS、TDBS 的 F-measure 值、AUC 值和 MAE 值

评 价 指 标	DBS	ADBS	TDBS
F-measure 值	0.6621	0.6652	0.6688
AUC 值	0.8917	0.9061	0.9133
MAE 值	0.1505	0.1497	0.1474

从表 4-2 可以看出,TDBS 比 ADBS 的提升要更明显。因为 ADBS 方法,外观相似的图像并不能在很大程度上保证图中的显著区域是语义相近的；而 TDBS 方法使用了对象标签信息,相同或相似对象标签在很大程度上保证了显著区域的相近,因此 TDBS 的性能更好。

最后,将基于图像外观近邻搜索的提取结果和基于标签语义近邻搜索的提取结果共同与基于深度学习特征的提取结果进行融合。这种基于深度学习特征和基于人工设计特征的提取方法的融合方法简称为 FBS（Fusion Based Saliency）。

FBS 与 27 种流行的显著区域提取方法、TBS、DBS 进行了对比,评价指标为 F-measure 值、AUC 值、MAE 值、ROC 曲线和 PR 曲线。实验结果如表 4-3

和图 4-14、图 4-15 所示。

表 4-3 FBS 与 DBS、TBS 及 27 种流行方法的对比结果

评 价 指 标	CB[87]	SEG[79]	SVO[42]	SF[88]	CA[15]	TD[90]
F-measure 值	0.5472	0.4917	0.3498	0.3659	0.5161	0.5432
AUC 值	0.7971	0.7588	0.8361	0.7541	0.8287	0.8081
MAE 值	0.2662	0.3592	0.4090	0.2077	0.2778	0.2333
评 价 指 标	SS[89]	HS[14]	DRFI[31]	HM[21]	BD[92]	BL[32]
F-measure 值	0.2516	0.5576	0.5897	0.4892	0.5443	0.5823
AUC 值	0.6714	0.7883	0.8623	0.7945	0.8185	0.8562
MAE 值	0.2499	0.2747	0.2063	0.2263	0.1955	0.2660
评 价 指 标	MR[44]	PCA[16]	FT[19]	RC[20]	LRR[12]	GS[72]
F-measure 值	0.5084	0.5392	0.3559	0.5307	0.5124	0.5164
AUC 值	0.7753	0.8439	0.6126	0.8105	0.7956	0.8136
MAE 值	0.2290	0.2778	0.2808	0.3128	0.3067	0.2056
评 价 指 标	SMD[93]	GC[13]	DSR[91]	MC[22]	SBF[68]	TBS
F-measure 值	0.6033	0.5063	0.5035	0.5740	0.4930	0.6056
AUC 值	0.8437	0.7511	0.8139	0.8427	0.848	0.8753
MAE 值	0.1976	0.2596	0.2105	0.2287	0.2325	0.1975
评 价 指 标	MCDL[99]	LEGS[98]	RFCN[110]	MDF[97]	DBS	FBS
F-measure 值	0.6559	0.6124	0.6768	0.6574	0.6621	0.6712
AUC 值	0.8813	0.8193	0.8803	0.8483	0.8917	0.9166
MAE 值	0.1457	0.1844	0.1476	0.1556	0.1505	0.1452

从表 4-3 可以看出，在 30 种方法中，FBS 方法的 AUC 值最高、F-measure 值次之、MAE 值最低，性能最佳。

FBS、DBS、TBS 和 27 种流行方法的 PR 曲线图和 ROC 曲线图如图 4-14 和图 4-15 所示。可以看出，FBS 的 PR 曲线和 ROC 曲线均高于其他所有方法。

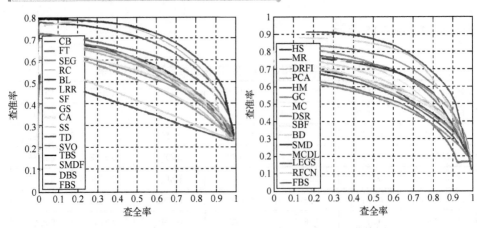

图 4-14　FBS、DBS、TBS 和 27 种流行方法的 PR 曲线图

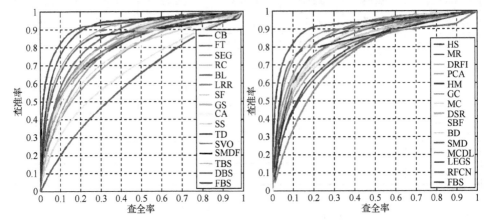

图 4-15　FBS、DBS、TBS 和 27 种流行方法的 ROC 曲线图

选择典型的图像进行 FBS 方法和 DBS 方法的视觉效果对比，如图 4-16 所示，图像的顺序为：原始图像、标准二值标注、FBS 和 DBS。可以看出，融合后的区域提取效果较基于深度学习特征的提取区域更加完整，细节处理得更好。

图 4-16　FBS 方法与 DBS 方法的视觉效果比较

4.7.3　流行数据集上的实验

在目前流行的 6 个数据集上进行实验,用对象性(objectness)特征[41]替代标签语义特征,比较了 11 种流行的显著区域提取方法,实验结果如表 4-4 所示。

表 4-4　11 种流行方法在 6 个流行数据集上的结果

数据集	ASD[19]			数据集	HKU-IS[97]		
评价指标	AUC 值	F-measure 值	MAE 值	评价指标	AUC 值	F-measure 值	MAE 值
FT[19]	0.766	0.579	0.241	FT	0.710	0.477	0.244
DRFI[31]	0.966	0.845	0.112	DRFI	0.950	0.776	0.167
R[20]	0.937	0.817	0.138	RC	0.903	0.726	0.165
GC[13]	0.863	0.719	0.159	GC	0.777	0.588	0.211
HS[14]	0.930	0.813	0.161	HS	0.884	0.710	0.213
MC[22]	0.975	0.894	0.054	MC	0.928	0.798	0.102
MR[44]	0.941	0.824	0.127	MR	0.870	0.714	0.174
SF[88]	0.886	0.700	0.166	SF	0.828	0.590	0.173
BD[92]	0.948	0.820	0.110	BD	0.910	0.726	0.140

续表

数据集	ASD[19]			数据集	HKU-IS[97]		
评价指标	AUC 值	F-measure 值	MAE 值	评价指标	AUC 值	F-measure 值	MAE 值
MDF[97]	0.978	0.888	0.066	MDF	0.971	0.869	0.072
LEGS[98]	0.958	0.870	0.081	LEGS	0.907	0.770	0.118
ODBS	0.984	0.893	0.061	ODBS	0.976	0.871	0.078
数据集	PASCAL-S[47]			数据集	ECSSD[14]		
评价指标	AUC 值	F-measure 值	MAE 值	评价指标	AUC 值	F-measure 值	MAE 值
FT[19]	0.627	0.413	0.309	FT	0.663	0.430	0.289
DRFI[31]	0.899	0.690	0.210	DRFI	0.943	0.782	0.170
RC[20]	0.840	0.644	0.227	RC	0.893	0.738	0.186
GC[13]	0.727	0.539	0.266	GC	0.767	0.597	0.233
HS[14]	0.838	0.641	0.264	HS	0.885	0.727	0.228
MC[22]	0.907	0.740	0.145	MC	0.948	0.837	0.100
MR[44]	0.852	0.661	0.223	MR	0.888	0.736	0.189
SF[88]	0.746	0.493	0.240	SF	0.793	0.548	0.219
BD[92]	0.866	0.655	0.201	BD	0.896	0.716	0.171
MDF[97]	0.921	0.771	0.146	MDF	0.957	0.847	0.106
LEGS[98]	0.891	0.752	0.157	LEGS	0.925	0.827	0.118
ODBS	0.927	0.778	0.141	ODBS	0.968	0.856	0.112
数据集	DUT-OMRON[44]			数据集	SOD[43]		
评价指标	AUC 值	F-measure 值	MAE 值	评价指标	AUC 值	F-measure 值	MAE 值
FT[19]	0.682	0.381	0.250	FT	0.607	0.441	0.323
DRFI[31]	0.931	0.664	0.150	DRFI	0.890	0.699	0.223
RC[20]	0.859	0.599	0.189	RC	0.828	0.657	0.242
GC[13]	0.757	0.495	0.218	GC	0.692	0.526	0.284
HS[14]	0.860	0.616	0.227	HS	0.817	0.646	0.283
MC[22]	0.929	0.703	0.088	MC	0.868	0.727	0.179
MR[44]	0.853	0.610	0.187	MR	0.812	0.636	0.259
SF[88]	0.810	0.495	0.147	SF	0.714	0.516	0.267
BD[92]	0.894	0.630	0.144	BD	0.827	0.653	0.229
MDF[97]	0.935	0.728	0.088	MDF	0.899	0.793	0.157
LEGS[98]	0.885	0.669	0.133	LEGS	0.836	0.732	0.195
ODBS	0.943	0.731	0.091	ODBS	0.907	0.801	0.163

从表 4-4 可以看出，ODBS 方法的 AUC 值是最高的，F-measure 值也是最高的，MAE 值是最低的或者是第二低的，所以 ODBS 方法的性能是最好的。然而，ODBS 方法的性能提升并不是非常明显，原因在于对象性特征并不是精确的标签特征，如果换成准确的标签信息，性能会更好。

在流行数据集上的 ODBS 实验结果也从一定程度上验证了 DBS 方法的有效性。

4.7.4　基于深度学习特征提取方法和基于人工设计特征提取方法的比较

第 3 章提出了 LBS 方法，此方法在图像外观的显著性计算中采用了人工设计的特征，是一种无监督的方法；在 DBS 方法中，显著性计算采用了基于深度卷积网络学习的特征，是一种有监督的方法，这是两种方法最大的区别。从显著区域的提取性能来看，DBS 方法效果较好，但并不能说明 DBS 方法对每幅图像的提取结果均好于 LBS 方法的提取结果。本章的图 4-6 对比了基于人工设计特征提取方法 DRFI[31]和基于深度学习特征提取方法 MDF[97]的结果，也说明了这点。基于深度学习特征的提取结果也存在提取不完整、边界不清或者误检测等情况，说明了该方法的提取结果并不是总优于基于人工设计特征提取方法的提取结果，而是存在个体图像的差异。

单从提取的整体效果来看，基于深度学习的显著区域提取方法较传统方法有着十分明显的优势，但是传统方法也具有自己的优势。下面分析两种方法的优缺点。

深度学习方法学习到的特征更贴近事物的本质，具有丰富的语义，提取效果非常好。深度学习特征具有很强的迁移性，所以深度学习算法的通用性很强。但深度学习方法也有一定的缺点：大多数深度学习方法都是有监督的，需要大量的真值标注；参数众多，调节需要很多经验；训练过程非常耗时；深度学习的模型很难进行直观的解释。

绝大多数传统方法是无监督的，不需要大量手工标注的真值；算法相对简单，提取速度快；对于复杂度不高的图像集，提取效果也是很好的。但传统方法使用的是人工设计特征，整体提取效果不如基于深度学习的提取效果。另外，也有一些传统提取方法进行了折中，采用其他数据集在别的视觉任务中训练好的深度学习特征，比如图像分类任务上训练好的深度学习特征，这样依然不需要在显著性检测时进行有监督的训练，但性能却比基于人工设计特征的传统方法有所提升。

基于上面的分析，两种方法各有优缺点，应该根据处理任务的特点采取不同的提取策略。

4.8 本章小结

本章仍然关注社交媒体图像的显著区域提取问题。传统的显著区域提取方法采用基于人工设计的特征，难以有效抽取图像的深层信息，造成图像显著区域提取鲁棒性不足、泛化性不好的问题。随着 GPU 等硬件资源的发展和大规模训练图像集的涌现，基于深度神经网络的显著区域提取近年来受到越来越广泛的关注。本章提出了基于多特征的显著区域提取方法，多特征包括图像的 CNN 特征、标签语义特征和传统的人工设计特征。观察到基于深度学习特征的提取结果并不能保证每幅图像都优于基于人工设计特征提取结果的现象，将流行的基于人工设计特征的提取结果作为基于深度学习特征提取结果的有益补充，并通过标签和图像外观的相似图像投票的方法进行显著图的动态融合。大量的实验证明了本章方法的有效性。

第5章 显著性在图像分类中的应用

从心理学角度来看，显著性检测和图像分类并非完全独立的计算机视觉任务，图像中的显著区域可以看作图像中的重点表达的内容，对图像分类会产生很大的影响。因此，本章引入显著性，在显著性基础上建立分类方法的分类框架，主要处理流程为首先判断输入的图像库是否含有显著区域，在此基础上可以把图像库分为场景类图像库和对象类图像库，对不含有显著区域的场景类图像库和含有显著区域的对象类图像库分别采用不同算法进行分类。对于场景类图像库，提出了多环划分的特征池化区域选择方法和多视觉词硬编码方法，将两种方法相结合能够进行场景类图像库的快速分类；对于对象类图像库，提出了基于显著性的软编码方法，既突出了显著区域对于对象类图像库分类的重要性，又体现了局部性空间约束对于编码一致性的重要作用，提高了分类精度。

5.1 基于显著性的图像分类框架

首先，介绍分析思想的由来，说明显著性分析的重要性；其次，说明不同类型图像库的显著图具有明显的差异；最后，给出基于显著性的图像分类框架。

5.1.1 分析思想的由来

文献[111]针对网络图像中显著区域的提取任务进行了讨论，首先对网络图像中是否含有显著区域进行判断，若含有显著区域则对其进行定位和提取。这篇文献反映出一个重要问题，就是图像中不一定含有显著区域，所以对所有图像都进行显著区域提取是不合理的。此外，文献中还给出了一些背景图像的例子，如图 5-1 所示，在这些图像中提取显著区域显然是不合适的。

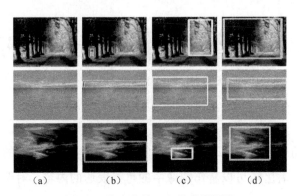

图 5-1　来自文献[111]的背景图像

文献[112]针对社交媒体图像的标签排序问题提出了全面的排序方法，根据图像中是否含有显著区域对图像采用不同的标签排序方法。文献[112]观察到包含显著区域和不包含显著区域图像的显著图灰度直方图具有明显差异，用于判断图像中是否含有显著区域。文献[112]首先对图像进行显著性提取，然后对含有显著区域的显著图和不包含显著区域的显著图训练线性的 SVM 分类器，通过分类模型对输入的测试图像判断是否含有显著区域，进而采用不同的标签排序方法。文献[112]反映出的关键问题是图像中是否含有显著区域直接影响到所采用的标签排序策略。

文献[113]也指出同样的问题：很多显著区域的提取模型都默认输入的图像含有显著区域，然而对于背景图像，这种假设显然不符合实际情况。

通过对相关文献的分析，得到结论：判断图像中是否含有显著区域在不同视觉问题中已经表现得非常重要，直接导致解决方法不一样。因此，对于图像分类这个计算机视觉问题，直观上认为，图像中是否含有显著区域也会导致分类算法的不同。在后面的章节中，根据是否包含显著区域，将图像库分为场景类图像库和对象类图像库，分别提出不同的分类算法。

5.1.2 图像库的显著性分析

我们对多个分类数据库进行显著性提取，观察不同数据库的显著图是否存在差异。

在场景类图像库中，选择 15 场景类图像库[114]作为例子，从中选择 6 幅图像，提取 6 幅图像的显著图。仔细观察显著图，不难发现场景类图像中不含有明显的显著区域。结果如图 5-2 所示，第一行为原图，第二行为显著图。

图 5-2 15 场景库的示例图像及其显著图

在对象类图像库中，选择牛津大学的 17 花库[115-116]、牛津大学的 102 花库[117]、Caltech101[118]、Caltech256[119]和 UIUC8[120]库作为例子。下面的图像分别来自这 5 个图像库，提取这些图像对应的显著图，观察所选图像及其对应的显著图，可以看出对象类图像中含有明显的显著区域。对象类图像库的图像及其显著图如图 5-3 所示，第一行的原始图像来自 17 花库[115]，第二行的原始图像来自 102 花库[117]，第三行的原始图像来自 Caltech101 库[118]，第四行的原始图像来自 Caltech 256 库[119]，第五行的原始图像来自 UIUC8 库[120]。

通过上面的分析，可以得出这样的结论：场景类图像和对象类图像的显著图存在明显的差异，可以通过显著性分析技术对分类算法进行重新归类，并且显著性分析结果能够应用到图像分类算法中。

图 5-3 对象类图像库的图像及其显著图

5.1.3 分类框架

基于上面的分析,文献[112]已经证明场景类图像库和对象类图像库的显著图的灰度直方图具有非常明显的差异,我们借鉴此结论,建立了基于显著性分析的分类框架,对对象类图像库和场景类图像库采用不同的分类方法,基于显著性分析的图像分类框架如图 5-4 所示。

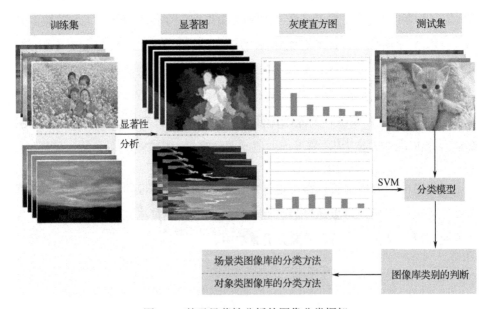

图 5-4 基于显著性分析的图像分类框架

图 5-4 所示的流程图表明，基于显著性分析，场景类图像库和对象类图像库可以采用不同的分类方法。后面章节将分别提出针对场景类图像库和对象类图像库的分类方法。

5.2 特征编码技术和特征池化技术

BoF 模型[52]是近年来在计算机视觉领域应用最广泛的一类特征，已经应用于图像分类、对象识别、图像检索、机器人定位和纹理识别。大量研究结果表明，BoF 特征在计算机视觉中具有很好的性能。

构建 BoF 特征的步骤包括特征提取、字典生成、特征编码和特征池化。首先，对图像提取局部特征描述子；其次，通过聚类得到视觉词字典；再次，用字典里的视觉词对局部特征进行编码表示；最后，对每个视觉词在一定的图像区域内进行特征池化操作。

特征编码和特征池化操作导致最终的图像表示更加紧凑，能更好地适应旋转不变性和平移不变性。研究工作[53-54]表明，对于识别任务，特征编码比特征池化对性能更重要。下面对特征编码和特征池化的研究现状进行阐述。

5.2.1 符号说明

为了便于研究特征编码和特征池化技术，首先给出图像特征编码和特征池化操作的符号表示及含义。

局部特征描述子的集合表示为

$$X_{d \times N} = \{x_1, x_2, \cdots, x_i, \cdots, x_N\} \quad (5\text{-}1)$$

其中，$x_i \in R^d$，d 表示特征的维数，N 表示局部特征的个数。

视觉词字典表示为

$$B_{d \times M} = \{b_1, b_2, \cdots, b_j, \cdots, b_M\} \quad (5\text{-}2)$$

其中，$b_j \in R^d$，d 表示特征的维数，M 表示视觉词的个数。

局部特征描述子编码的集合表示为

$$U = \{u_1, u_2, \cdots, u_i, \cdots, u_N\} \quad (5\text{-}3)$$

其中，u_i 表示特征描述子 x_i 的编码向量。

u_{ij} 表示视觉词 b_j 对 x_i 的编码值，特征编码和特征池化过程如图 5-5 所示。

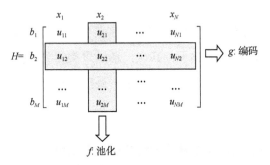

图 5-5　特征编码和池化原理图

编码过程和池化过程需要找到两个函数 g、f，函数 g 负责对特征描述子进行编码，函数 f 负责对视觉词进行空间池化操作，以获得图像更紧凑、更鲁棒的表示。

5.2.2　特征编码技术

原始的 BoF 方法[55]采用硬指派方法对局部描述子进行编码。硬指派指局部特征分配给视觉词字典中最近的视觉词，被分配的视觉词对应的编码值为 1，其余视觉词的编码为 0，编码公式如下。

$$u_{ij} = \begin{cases} 1 & \text{如果} \quad \arg\min_{j=1,\cdots,M} \|x_i - b_j\| \\ 0 & \text{否则} \end{cases} \quad (5\text{-}4)$$

硬指派编码方法的问题是对字典的失真错误非常敏感，因为硬指派方法仅仅选择了最近的视觉词，忽略了其他相关的视觉词。

针对硬指派方法的缺点，软量化方法可以通过多个视觉词对一个特征描述子进行描述。软量化的优点是概念简单、计算有效，整个计算过程不需要优化。软量化的编码公式如下。

$$u_{ij} = \frac{\exp(-\beta \|x_i - b_j\|_2^2)}{\sum_{k=1}^{M} \exp(-\beta \|x_i - b_k\|_2^2)} \quad (5\text{-}5)$$

稀疏编码[56-57]属于软量化的编码方法，它可以大大提高编码的鲁棒性。稀疏编码可以看作视觉词字典稀疏子集的线性组合，通过 l_1 范式进行正则化的近似。

$$u_i = \underset{u \in R^M}{\arg\min} \|x_i - Bu\|_2^2 + \lambda \|u\|_1, \quad \lambda \in R \quad (5\text{-}6)$$

稀疏编码在优化的时候计算量太大，并会产生相似的描述子编码不一致的问题[58-59]。针对这些问题，K. Yu[59-60]认为描述子位于近邻描述子的低维流形空间内，将描述子分配给临近空间内的视觉词才是有意义的，因此在编码时应该选择局部基才是合理的。研究人员提出了多种基于局部性约束的编码方法（简称局部性编码）。

局部性编码（LLC）[59]的编码公式如下。

$$u_i = \underset{u \in R^M}{\arg\min} \|x_i - Bu\|_2^2 + \lambda \|d_i \cdot u\|_2^2, \quad \lambda \in R \quad (5\text{-}7)$$

满足 $1^T u_i = 1$

其中，

$$d_i = \exp\left[\frac{\text{dist}(x_i, B)}{\sigma}\right] \quad (5\text{-}8)$$

$$\text{dist}(x_i, B) = [\text{dist}(x_i, b_1), \cdots, \text{dist}(x_i, b_M)]^T \quad (5\text{-}9)$$

$\text{dist}(x_i, B)$ 代表特征描述子 x_i 和选择的基之间的欧式距离，σ 是控制局部性衰减速度的权重参数。

文献[61]在传统的软编码基础上加入了局部性约束，编码公式为

$$u_{ij} = \frac{\exp[-\beta \hat{d}(x_i, b_j)]}{\sum_{k=1}^{M} \exp[-\beta \hat{d}(x_i, b_k)]} \quad (5\text{-}10)$$

$$\hat{d}(x_i, b_j) = \begin{cases} d(x_i, b_j) & \text{如果 } b_j \in N_k(x_i) \\ \infty & \text{否则} \end{cases} \quad (5\text{-}11)$$

其中，$\hat{d}(x_i, b_j)$ 代表特征描述子 x_i 和 k 最近邻的视觉词之间的距离，这正是对传统软量化的改进。

S. Gao 于 2010 年提出一种改进稀疏编码一致性的方法[58]，在目标函数中增加拉普拉斯矩阵来进行字典和编码的学习，目标函数表示为

$$\underset{B,U}{\arg\min} \| x_i - BU \|_2^2 + \lambda \| u_i \|_1 + \beta \text{tr}(ULU^T), \quad \lambda \in R \quad (5\text{-}12)$$

$$\text{满足} \| b_j \| \leq 1, \quad \forall j \in 1, \cdots, N$$

其中，$L = A - W$ 是拉普拉斯矩阵，W 是相似度矩阵，表示局部特征之间的关系，$A_{mm} = \sum W_{mn}$。由于局部特征的数量巨大，这种编码方法的最大问题就是计算量问题。

以上的编码方法没有考虑到稠密局部特征的上下文信息。文献[62]加入了图像空间域的上下文信息，改善了编码的一致性，取得了更好的效果。该方法使用的能量函数为

$$E(Y)= \underbrace{\sum_{p\in P} f_{\text{data}}(x_p,\hat{B}_p)}_{E_{\text{data}}} + \beta \underbrace{\sum_{p-q} f_{\text{pritor}}(\hat{B}_p,\hat{B}_q)}_{E_{\text{pritor}}} \qquad (5\text{-}13)$$

能量函数包含两个部分，E_{data} 部分代表特征描述子 x_p 和分配给它的视觉词之间的距离，特征描述子 x_q 表示特征描述子 x_p 的近邻；E_{pritor} 部分代表分配给特征描述子 x_p 的视觉词和分配给近邻 x_q 的视觉词的距离。在这个模型的 E_{pritor} 部分体现了图像空间上的约束。

5.2.3 特征池化技术

1. 特征池化操作

典型的池化操作有求和（sum pooling）、求平均（average pooling）和求最大值（max pooling）。许多流行的特征提取方法都使用了池化技术，例如 SIFT、HOG 及其这些方法的变种。

平均池化操作表示为

$$f_a(u) = \frac{1}{N}\|u\|_1 = \frac{1}{N}\sum_{m=1}^{N} u_m \qquad (5\text{-}14)$$

其中，N 表示局部特征的个数，u_m 表示视觉词在每一个局部特征上的编码。

最大值池化操作表示为

$$f_m(u) = \|u\|_\infty = \max_m u_m \qquad (5\text{-}15)$$

文献[126]从理论上分析了池化操作，在分类环境下比较了不同的池化操作，证明了不同池化操作的区分能力和影响池化操作性能的不同因素，包括特征的平滑性和稀疏性。研究显示，平均池化操作和最大值池化操作不是最优的，原因在于在统计过程中空间信息不可逆转的丢失和对特征的分布进行了过于简单的假设。后续比较有代表性的工作主要从学习和统计的角度进行改进。

文献[127]提出了空间 p 范式的池化方法（GLP）。这种方法对局部特征之间的关联进行建模，将最大值池化操作和平均池化操作以统一的框架分析表示，通过最大化类间距学习池化函数，具有很好的区分能力。

针对最大值池化操作只估计了视觉词出现的概率，却忽略了出现频率的缺点，文献[61]提出了的 mix-order 最大值池化操作方法，考虑了每个视觉词出现的次数，最大值池化操作是 mix-order 池化操作方法中出现次数为 1 的特殊情况。

文献[122]提出的池化函数 BOSSA (Bag Of Statistical Sampling Analysis)，通过估计特征的概率密度分布进行池化，特征池化函数的计算方法如图 5-6 所示。以视觉词 c_m 为圆心，按局部特征到视觉词 c_m 的距离划分为 B 个环（最里层的是圆），分别统计落入圆环内的局部特征的个数。此外，像 BoF 模型那样统计硬编码数为视觉词 c_m 的局部特征个数。最后，将落入不同圆环内的局部特征描述子的数量和硬编码为视觉词 c_m 的局部特征个数连接起来作为最终的池化特征，特征维数为 $B+1$。如果对每个视觉词都这样计算池化特征，则最终图像表示为 $(B+1) \cdot M$ 维特征，M 为视觉词的个数。这种方法进行了每个视觉词与局部特征的统计分析，较 BoF 模型保留了更多的信息，所以获得了性能更好的图像特征表示。

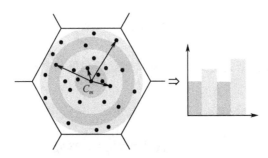

图 5-6　视觉词 C_m 的特征池化计算过程[122]

2. 特征池化的区域选择

特征池化的区域选择是指在不同的图像空间内采用某种池化操作来对特征的编码进行区域上的池化。

BoF 模型采用整幅图像进行池化操作,是一种经典的池化区域选择方法。

空间金字塔 SPM[63]也是一种经典的特征池化方法,实现过程如图 5-7 所示,在图像中存在 3 种不同的视觉词,分别用菱形、十字和圆点表示;不断将图像区域进行细分,第一次划分结果为整幅图像,第二次划分是将图像划分为 4 个子区域块,第三次划分是将图像划分为 16 个子区域块;分别计算每个子区域的统计特征,统计每个区域块中每种视觉词的频次直方图;最后将所有子区域的统计直方图特征相连接,得到整幅图像的特征表示。逐次将图像进行子区域划分的过程就是特征区域选择的过程。空间金字塔模型 SPM 较 BoF 模型融入了更多的空间信息。空间金字塔模型 SPM 的成功也说明了在图像空间进行空间池化操作的重要性。

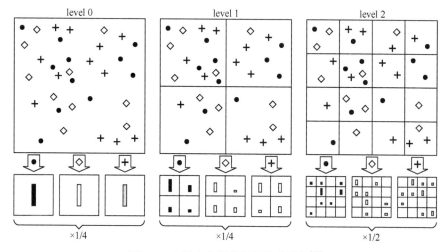

图 5-7 空间金字塔特征的构造过程[63]

文献[64]指出 SPM 在图像的每层金字塔划分时都采用基于手工的、固定的划分,划分策略缺少理论依据。基于此,文献[65]扩展了 BoF 模型,以便包含图像中更多的空间信息,将特征投影到某些直线或圆上产生一系列的 BoF 特征族,然后采用类似 boosting 的方法进行特征选择,得到最具有代表性的特征向量。这种方法可以看作 SPM 思想的泛化,包含了更多的空间信息,具有更好的平移、旋转和尺度不变性。

针对 SPM 空间划分没有考虑数据特点和区域硬划分的缺点，文献[66]提出了联合优化分类器参数和池化区域的方法。文献[67]研究了图像池化区域的选择对图像分类的影响，指出对池化区域进行自适应学习能够大幅提高系统的性能。

5.3 面向场景类图像库的分类方法

本节的分类方法面向场景类图像库，提出新的特征池化区域选择方法和编码方法。下面将详细论述算法思想的由来，进行算法描述，并通过实验验证算法的有效性。

5.3.1 多环划分的特征池化区域选择方法

1. 思想的由来

由于 SPM 空间网格划分方法的特点，当图像中的区域排列大体有规律时，SPM 的分类效果较好。但当图像中的区域排列没有规律时，SPM 的分类性能可能会有很大的下降。图 5-8 所示就是这样一个例子，图中菱形和黑点代表两种不同的视觉词特征。由于两幅图像中的特征排列有明显不同，当进行 SPM 匹配时，图像间的相似性会变小，差异明显。由此看出，SPM 对图像的划分过于严格，缺乏灵活性，在某些情况下对图像的旋转不变性和平移不变性不能很好地适应。

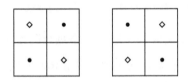

图 5-8 SPM 不能很好匹配的例子

BOSSA[122]通过统计视觉词不同距离范围内的局部特征数量，从而形成对应的直方图表示。这种方法的特点是考虑了特征空间的空间信息，而不是图像物理空间的空间信息。然而，这种以视觉词为中心不断划分形成圆环并在不同的圆环内统计特征的做法对我们有很大的启示，能否对图像的物理空间进行环形划分是算法的出发点。

对于某些图像，如果在图像空间采用多环划分的区域选择方法，可能会具有很高的相似性，如图 5-9 所示。根据图像的构图和摄影特点，图像往往具有中心先验，也就是图像的主体通常分布在图像的中心，并且相似图像的周围区域也可能会有相似的分布。直觉上表明多环划分的方法符合图像的构图原则，能够对图像空间的特征分布进行更合理的描述。

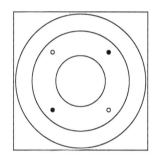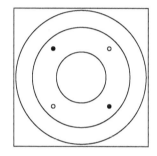

图 5-9　多环划分的区域选择方法

2. 方法的实现

对图像进行多环区域划分，就是以圆环的形式逐层细化图像空间，形成空间金字塔。

假设视觉词字典大小为 M，L 表示图像划分层次的总数，$c(l)$ 表示第 l 层中图像被划分为圆环的个数，其中 $1 \leq l \leq L$。划分的最内层为圆，这里也统称为圆环。

对第 l 层中的圆环 k 的编码特征进行特征池化操作，得到池化后的特征 f_k^l，$1 \leq k \leq c(l)$，$f_k^l \in R^M$，M 为视觉词的个数。

对第 l 层池化操作后，得到的特征为 f^l，$f^l \in R^{M \cdot c(l)}$。

对图像的 L 层都进行池化操作后，得到的特征为 f，$f \in R^s$，$s = M \sum_{l=1}^{L} c(l)$，

通过式（5-16）进行表示。

$$f = [f_1^1, f_1^2, \cdots, f_{c(2)}^2, \cdots, f_1^L, \cdots, f_{c(l)}^L] \qquad (5-16)$$

式（5-16）中并没有考虑每一层划分的权重，按常识，图像中较细圆环内的特征应该具有较大的权重。当考虑权重时，假设权重特征为 f_w，$f_w \in R^s$，$s = M\sum_{l=1}^{L} c(l)$，f_w 可以通过式（5-17）表示。

$$f_w = [w^1 f_1^1, w^2 f_1^2, \cdots, w^2 f_{c(2)}^2, \cdots, w^L f_1^L, \cdots, w^L f_{c(l)}^L] \qquad (5-17)$$

我们假设同一层的划分中所有圆环内的特征具有相同的权重。

图 5-10 显示了多环划分的 3 层空间金字塔特征的构造过程。首先，对图像进行空间划分。第 1 层划分，图像只具有一个圆环；第 2 层划分，图像具有 2 个圆环；第 3 层划分，图像具有 3 个圆环；这样逐步将图像细化为 3 层空间金字塔。然后，对所有的局部特征进行编码操作。图像中有两种视觉词特征，分别表示为空心菱形和黑心圆点。分别对每层每环中局部特征对应的编码特征进行池化操作，最后将池化特征进行加权、连接，形成图像的超级向量特征表示。

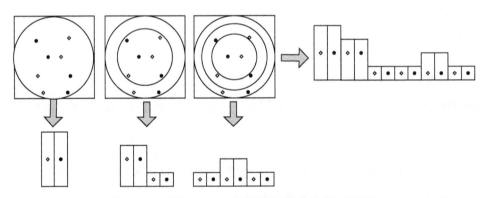

图 5-10 多环划分的 3 层空间金字塔特征的构造过程

图像的最终特征表示为直方图，在图像匹配的时候使用空间金字塔匹配核[63]进行匹配，计算方法如式（5-18）所示。

$$K(X,Y) = \sum_{l=1}^{L}\sum_{i=1}^{c(l)} \min[w_X^l f_i^l(X), w_Y^l f_i^l(Y)] \quad (5\text{-}18)$$

其中，X 和 Y 代表两幅图像，L 表示图像划分的最大层数，$c(l)$ 表示 l 层的环数，w_X^l 表示 X 图像第 l 层的权重，w_Y^l 表示 Y 图像第 l 层的权重。

5.3.2 多视觉词硬编码方法

硬指派编码方法是指根据局部特征描述子与视觉词的相似程度将特征描述子分配给最近的一个视觉词，被分配的视觉词对应的编码为1，其余的视觉词编码为0。硬指派编码方法对字典的失真错误非常敏感，视觉词的不确定性和相似性也会导致视觉词如何选择的问题。针对硬编码存在的缺点，许多文献提出了软编码的改进算法[57-59]，对一个局部特征描述子使用多个视觉词进行编码，并且通过一定的原则给每个视觉词赋予不同的权重。但是，软编码方法的问题是计算不够简洁，编码需要花费一定的时间，而且有的算法时间开销相当高，如稀疏编码和拉普拉斯编码方法[58]，在某些对时间要求较高的场合不适用。

研究[124]表明，密采样的特征描述子分布符合长尾分布，可以解释为特征空间实质上没有真正的聚类中心，每个特征都相对孤立，实际上衡量每个视觉词对编码的作用是不能够按其欧式距离来衡量，并赋予权重的，所以从这个角度来说可以认为近邻视觉词对于编码的作用是等同的。另外，直觉上认为场景分布比较均匀，没有特别突出的对象，所以字典中近邻视觉词对特征描述子的描述作用相对对象识别中的视觉词来说差异性较小。基于此，本章提出针对场景图像的多视觉词硬编码方法。

多视觉词硬编码虽然含有软编码的思想，但选中的视觉词被认为对编码起的作用是一样的，所以选中的视觉词对应的编码值都设置为1，没有选中的视觉词编码值设置为0，然后进行直方图统计和归一化。特征池化操作采用平均池化方式。

编码公式如下：

$$u_{ij} = \begin{cases} 1 & \text{如果 } b_j \in N_k(x_i) \\ 0 & \text{否则} \end{cases} \tag{5-19}$$

其中，$N_k(x_i)$ 表示局部特征 x_i 的 k 近邻视觉词。

多视觉词硬编码方法的原理虽然很简单，但是后面的实验可以证明这种编码方法应用在多环划分的特征池化区域选择之前的编码阶段能够取得比较好的效果。

5.3.3 实验

1. 多环划分特征池化区域选择方法的实验

1）实验设置

① 数据库

实验图像库为 15 场景库[114]、Caltech-101 库[118]、UIUC-8 库[120]和牛津 17 花库[115]。

15 场景库是流行的场景类图像库，包括 4485 幅图像，共 15 类，每类包含 200～400 幅图像。图像的类别既包括高山、森林等户外环境，又包括卧室和厨房等室内环境。在实验中，每类随机选取 100 幅图像用于训练，剩余的图像用于测试。

Caltech-101 图像库包含 102 类图像，每个类中包含 31～800 幅图像，共 9144 幅图像，每幅图像的分辨率为 300×300 像素。Caltech-101 库中图像基本都不是很杂乱，并且对象占据了图像的主要区域。在实验中，对 Caltech-101 库的每个类随机选取 30 幅图像用于训练，剩余的图像用于测试。

UIUC-8 库包含 8 个运动类图像，每个类包含 137～250 幅图像，共 1579 幅图像，可以用于运动分类。在实验中，在 UIUC-8 库的每个类中随机选取 70 幅图像用于训练，60 幅图像用于测试。

牛津 17 花库包含 17 个类，每个类包含 80 幅图像。17 花库中的图像有非常大的视角、光照和尺度的变化，还具有部分遮挡和杂乱的背景，导致很大的类间距和很小的类内距，即使对人来说也很难正确区分，所以通过计算机进行花的分类具有很大的挑战性。在 17 花库中，每类图像中的 75%用于训练，25%用于测试。

② 特征提取

15 场景库、Caltech-101 库、UIUC-8 库均在灰度范围内处理图像，采用 128 维的 SIFT 特征描述子[94]。SIFT 特征描述子采样的间隔为 8 个像素，描述子周围区域块大小为 16×16 像素。因为色彩是花的重要信息，所以在 17 花库的实验中采取 Hue-SIFT[125]作为特征描述子。Hue-SIFT 加入了颜色信息，非常适合描述花库。在实验中，提取 165 维的 Hue-SIFT 特征描述子，采样间隔为 6 个像素。

③ 特征池化区域选择方法

SPM[63]、BOSSA[122]和 BoF[52]是 3 种流行的特征池化区域选择方法，所以在实验中，多环划分的特征池化区域选择方法与这 3 种流行的特征池化区域选择方法进行比较，多环划分的层数为 3 层。

所有实验重复 10 次，每次都随机选取训练图像和测试图像，最后对这 10 次的分类精度求均值和标准差。

2）实验结果

表 5-1 列出了不同图像库的分类性能。在实验中，SPM 程序获得的分类结

果没有文献[63]中报道的高，原因可能是 SIFT 描述子的提取和量化过程的差别，类似的情况在文献[59]中也有报道。

表 5-1 不同图像库的分类性能

图像库	多环划分的特征池化区域选择方法	SPM[63]	BoF[52]	BOSSA[122]
15 场景库[114]	79.06±0.42	78.0±0.49	73.68±0.32	—
牛津 17 花库[115]	68.46±1.64	64.3±2.43	58.41±3.02	64.00±2.00
Caltech-101[118]	64.74±0.84	64.6±0.65	41.20±1.20	—
UIUC-8[120]	81.18±1.76	80.4±1.44	78.06±1.59	—

从实验数据可以看出，在 15 场景库上，多环划分的特征池化区域选择方法的分类性能和 SPM 方法的分类性能较好；在牛津 17 花库上，多环划分的特征池化区域选择方法的分类性能最好；在 Caltech-101 上，多环划分的特征池化区域选择方法的分类性能稍好于 SPM 方法，但差别不大；在 UIUC-8 上，多环划分的特征池化区域选择方法的分类性能最好。

此外，对特征向量的维数进行讨论。假设字典的维数为 M，区域划分的层数为 L，则 SPM 区域选择方法的特征维数约为 $M \cdot 4^{L-1}$，多环划分区域选择方法的特征维数约为 $M \cdot L^2 / 2$。显然，SPM 区域选择方法中特征维数增长速度大于多环划分区域选择方法的特征维数。例如，在 3 层 SPM 中，图像特征的维数为 $M \cdot 21$，而 3 层多环划分区域选择方法特征的维数为 $M \cdot 6$，在相同字典大小下，其特征维数不到 SPM 特征维数的 1/3。即使字典的个数不同，比如，SPM 中字典的个数为 400，基于多环划分中字典的个数为 1000，SPM 中特征的维数为 $400 \times 21 = 8400$，多环划分的特征维数为 $1000 \times 6 = 6000$，多环划分的特征维数大约是 SPM 中特征维数的 2/3。随着字典维数的增加，分类精度必然也会增加，但是在多环划分的特征池化区域选择方法下，图像特征的总维数并没有增加。此外，特征维数的降低会提升分类速度。

综上，多环划分的特征池化区域选择方法较 SPM 空间金字塔在相同字典的情况下，特征的维数有了很大的降低，本节的实验又表明在不同的图像库中，多环划分的特征池化区域选择方法的分类性能比SPM空间金字塔的分类性能更好，或者相差不大，所以基于多环划分的特征池化区域选择方法在保证分类正确率的前提下提高了分类速度。

2. 多视觉词硬编码实验

多视觉词硬编码实验的原理很简单，编码速度非常快，接近于硬编码的编码速度。为了验证多视觉词硬编码方法的编码速度，进行了特征编码时间的比较实验，比较的编码方法有LLC[59]、LSC[61]、SC[62]和ScSPM[57]。

选择15场景图像库[114]为实验对象。在15个图像类的每个类中随机选取100幅图像用于训练，剩余图像用于测试；在灰度范围内处理图像，采用128维的SIFT特征描述子，采样间隔为8个像素，描述子周围区域块为16×16像素；字典大小为1000；实验重复10次，每次都随机选取训练图像和测试图像，最后对10次的分类精度求均值和标准差。

各种编码方法的编码时间如表5-2所示。

表5-2 各种编码方法的编码时间

编 码 方 法	运行时间/s
LLC[59]	1.9361E+03
SC[62]	2.1007E+03
ScSPM[57]	2.1768E+04
LSC[61]	1.8542E+03
多视觉词硬编码方法	1.4291E+03

表5-2表明，多视觉词硬编码方法在编码过程中所用时间是最少的。

为了进一步比较分类性能，将多环划分的特征池化区域选择方法与不同编码方法、特征池化操作方法相结合。编码方法有硬编码、多视觉词硬编码、LLC编码[59]和LSC编码[61]；特征池化操作有求平均池化操作和求最大值池化操作。实验数据库仍为15场景图像库，实验设置与上面的实验相同。不同的特征池化区域选择方法、编码方法和特征池化操作在15场景库上的分类结果如表5-3所示。

表 5-3 分类结果

特征编码+特征池化+特征池化操作	分类精度（%）
多视觉词硬编码+多环划分的特征池化区域选择+最大值特征池化操作	77.56±0.42
多视觉词硬编码+多环划分的特征池化区域选择+平均特征池化操作	80.97±0.63
LLC[59]+SPM[63]+平均特征池化操作	79.08±0.70
LLC[59]+SPM[63]+最大值特征池化操作	78.60±0.52
LSC[61]+SPM[63]+最大值特征池化操作	77.79±0.72
LSC[61]+SPM[63]+平均特征池化操作	79.52±0.87

从表 5-3 可以看到，多视觉词硬编码、多环划分的特征池化区域选择、平均特征池化操作相结合的方法分类性能是最好的。

综上，多视觉词硬编码的编码速度较快，接近于硬编码，而多环划分特征池化操作方法较 SPM 特征池化区域选择方法得到的特征维数小很多，所以，多视觉词硬编码、多环划分的特征池化区域选择、平均特征池化操作相结合的方法可以看作一种面向场景类图像库的快速分类方法，适用于对分类速度有一定要求的图像库。

5.4 面向对象类图像库的分类方法

5.4.1 基于显著性和空间局部约束的软编码方法

1. 基于空间局部约束的软编码方法

针对硬指派编码的缺点，越来越流行采用软指派编码的软编码方法，并对一个特征描述子采用多个视觉词来描述。稀疏编码[58-59]就是一种典型的软指派编码，但存在计算代价大、相似的描述子编码可能不一致的问题。为了解决这个问题，K. Yu[59-60]提出了局部性约束的编码方法，通过选择局部特征的近邻视觉词进行编码以保证编码的一致性。

从上面的分析可以看出，局部性约束在特征编码中非常重要。因此，本节提出了基于局部性约束的软编码方法，在传统的软分配编码基础上加入了局部

性约束，编码公式为

$$u_{ij} = \frac{\dfrac{\beta}{\hat{d}(x_i, b_j)}}{\sum_{k=1}^{M} \dfrac{\beta}{\hat{d}(x_i, b_k)}} \quad (5\text{-}20)$$

$$\hat{d}(x_i, b_j) = \begin{cases} d(x_i, b_j) & \text{如果} \, b_j \in N_k(x_i) \\ \infty & \text{否则} \end{cases} \quad (5\text{-}21)$$

其中，$\hat{d}(x_i, b_j)$ 有两种情况：当特征描述子 x_i 与视觉词是 k 最近邻的关系时，$\hat{d}(x_i, b_j)$ 等于二者之间的距离，否则为 ∞。M 为视觉词的个数。在编码计算时，离局部特征描述子越近的视觉词编码值越大，即与距离成反比。参数 β 用来调节编码值，一般通过交叉验证的方法得到。

2. 基于显著性和空间局部性约束的软编码方法

5.1 节对对象类图像库进行了显著性分析，结果表明对象类图像库中的图像通常包含明显的显著区域，并且显著区域往往是图像的主体部分，对于图像分类有着重要的辅助作用。在对对象类图像进行编码时，从直观上理解，显著部分的编码值应该被赋予较大的权重以突显这部分特征在图像表示中的作用。基于上面的分析，提出了基于显著性的编码方法。

以图 5-11 为例，其中图 5-11（a）表示原始图像；图 5-11（b）表示原始图像的显著图；图 5-11（c）的红点表示图像背景中的局部特征描述子；图 5-11（d）表示引入显著性前的背景局部特征描述子的编码情况，横轴表示选择的 5 个近邻视觉词，纵轴表示编码值；图 5-11（e）表示引入显著性后的背景局部特征描述子的编码情况；图 5-11（f）的红点表示前景中的局部特征描述子；图 5-11（g）表示引入显著性前的前景局部特征描述子的编码情况，横轴表示选择的 5 个近邻视觉词，纵轴表示编码值；图 5-11（h）表示引入显著性后的前景局部特征描述子的编码情况。可以看出，对于背景局部特征描述子，由于显著值低会导致引入显著性后的编码值较引入显著性前的编码值有所降低；而对于前景局部特征描述子，由于显著值高会导致引入显著性后的编码值较引入显著性前的编码值有所提高。

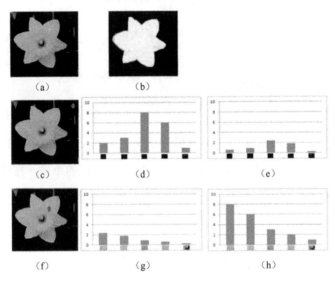

图 5-11 显著性会导致编码值变化的示例

通过显著区域提取算法得到图像的显著图 I，s_{ij} 代表位置 (i,j) 的显著值。基于显著性和空间局部约束的软编码方法就是将显著值与基于空间局部约束的软编码值结合起来，编码公式为

$$c'_{ij} = c_{ij} \cdot \exp(s_{ij}) \tag{5-22}$$

其中，c_{ij} 表示位置 (i,j) 的基于局部性约束的编码值，s_{ij} 表示位置 (i,j) 的显著值，c'_{ij} 表示显著性融合后的编码值。

5.4.2 实验

实验的对象类图像库有牛津 17 花库[115]、牛津 102 花库[117]、Caltech 101[118]、Caltech 256[119] 和 UIUC8 库[120]。

每个图像库均通过 k-means 方法得到包含 400 个视觉词的字典；每类随机

选取 30 幅图像作为训练，剩余的图像作为测试。

实验采用 128 维的 SIFT 特征描述子，采样间隔为 8 个像素，描述子周围区域块为 16×16 像素。

实验采用第 3 章提出的 LFBS 显著区域提取方法得到图像的显著图。

实验中参数 β=10，最近邻的个数为 5。

不同分类方法在不同数据集上的分类性能比较如表 5-4 所示。

表 5-4　不同分类方法在不同数据集上的分类性能比较

分 类 方 法	17 花库	102 花库	Caltech 101	Caltech 256	UIUC8
LLC[59]	61.55±1.73	49.90±0.49	67.38±1.07	28.72±0.32	77.86±1.07
SC[62]	58.7647±1.11	45.52±0.89	65.17±1.35	26.73±0.26	77.12±1.19
ScSPM[57]	60.86±1.06	48.26±0.49	68.64±1.00	28.40±0.20	77.55±0.94
LSC[61]	60.71±0.62	50.99±0.49	69.79±0.71	29.92±0.26	78.00±0.69
我们的方法	67.58 ±1.28	58.55±0.61	71.97±0.90	31.52±0.34	79.85 ±0.80

在表 5-4 中，牛津 17 花库[115]和牛津 102 花库[117]的性能提升特别明显，原因是这两个图像库图像中的显著区域和分类的关键区域一致性非常高，显著值很好地加强了分类关键区域的编码值；Caltech 101[118]、Caltech 256[119]和 UIUC8 库[120]的分类性能也有一定提升，但是效果没有牛津花库提升明显，原因是这 3 个数据库图像中包含多个对象且图像结构复杂，显著区域和分类关键区域的一致性不是非常高。然而，实验数据表明，这 5 个数据库基于显著性的分类性能都是最好的，原因是视觉注意力机制使观察者自动选择一幅图像中最能引起人们注意的区域，这些被关注的区域通常是图像的主体对象，而主体对象往往是分类的关键信息，所以视觉注意力相当于对分类的关键信息进行了选择。对于图像特征来说，视觉显著性相当于起到了特征选择的作用，显著区域对应的特征对分类所起的作用往往大于非显著区域的特征对分类所起的作用，所以在图像编码时，加大显著区域的特征编码值，强调显著区域的分类重要性，从而使获得的图像级特征表示更具有判别性，能够提高分类性能。

5.5 本章小结

本章引入显著性，首先，在显著性的基础上建立分类框架。其次，将图像库分为场景类图像库和对象类图像库两大类，针对不同类型的图像库提出不同的分类方法。针对场景类图像库，提出了多环划分的特征池化区域选择方法和多视觉词硬编码方法。将多环划分的特征池化区域选择方法和其他流行的特征池化区域选择方法在多个图像库上进行了图像分类性能的对比。此外，为了验证算法的适应性，将多环划分的特征区域池化方法嵌入到不同的编码方法和特征池化操作中，实验结果表明，多环划分的特征区域池化方法与多视觉词硬编码相结合在15场景库上的分类效果最好。多环划分的特征池化区域选择方法和多视觉词硬编码方法概念简单、特征表示更加紧凑，较SPM方法在特征维数上有很大程度的降低，可以看作针对场景类图像库的快速分类方法。针对含有显著区域的图像库提出了基于显著性和空间局部约束的软编码方法，应用于不同的对象类图像库，结果表明显著性对分类算法有很好的辅助作用，能提高分类性能。但本章的方法也具有局限性：对于既包含对象类图像，又包含场景类图像的混合图像库不能很好地训练分类模型，这也是需要进一步研究的问题。进一步的研究还包括如何设置层次数量、如何对不同层次赋予不同权重等问题。

第 6 章　总结与展望

6.1　总结

近年来，随着互联网和信息行业的发展，全球已经进入了大数据时代，图像和视频是人们获取信息和进行交流的主要载体。同时，数码设备的普及，以及微博和社交网站的流行使得社交媒体图像的数量呈爆炸式增长。相对于海量的社交媒体图像数据，计算资源是有限的，如何有效地应用有效的计算资源来处理海量的数据给人们带来了巨大的挑战。本书研究的主要动因在于海量社交媒体图像的处理压力，以显著性检测技术为切入点，选择图像显著区域提取方法为主要研究内容，并以图像分类机器视觉任务作为显著区域提取方法研究的应用延伸，具有非常重要的理论意义和应用价值，主要成果和结论如下。

提出了构建显著性数据集时图像的筛选原则和数据集性能评测方法，并构建了面向社交媒体图像的带有标签信息的显著性数据集，共包含 5429 幅图像，图像来源于 NUS-WIDE 数据集的 38 个文件夹，每幅图像带有 1~9 个标签，图像中的显著区域为像素级别的二值标注。通过对新建数据集和目前流行的 7 个数据集进行性能评测，验证了所建数据集的性能。新建数据集可以用于评测面向社交媒体图像的显著区域提取方法的性能。

提出了一种融合标签上下文信息和图像外观特征的显著区域提取方法，缩小图像的高级语义和低级特征之间的距离。实验验证了标签语义信息的重要性和有效性，也表明单纯依靠图像底层特征进行显著区域提取已经不能够取得令人满意的效果，机器学习的方法和高层语义信息能够提升提取的性能。此外，所提方法还具有对噪音标签影响较小的优点。

针对传统显著区域提取方法大多是基于人工设计特征的缺点，提出了针对社交媒体图像的基于多特征的显著区域提取方法，既考虑了深度学习特征，又考虑了人工设计特征。提出的基于标签和图像外观的显著图动态融合方法解决了基于深度学习特征提取结果和基于人工设计特征提取结果如何互补的问题。基于多特征提取方法的性能较单一特征的提取结果有明显提升。

建立基于显著性的分类框架，根据是否包含显著区域把图像库分为场景类图像库和对象类图像库。对于场景类图像库，提出了多环划分的特征池化区域选择方法和多视觉词硬编码方法，两种方法相结合提供了场景类图像库的快速分类方法；对于对象类图像库，提出了基于显著性的软编码方法，既突出了显著区域对于对象类图像库分类的重要性，又体现了空间局部约束对编码一致性的重要作用。实验结果表明，视觉显著性能够为图像分类提供新的解决思路。

本书的研究内容具有逐层递进的关系。构建的面向社交媒体图像的显著性数据集为提出的面向社交媒体图像的显著区域提取方法提供了实验对象。在基于标签上下文的显著区域提取方法中，图像外观的显著性计算过程采用人工设计特征；在基于多特征的显著区域提取方法中，除了人工设计特征，还采用了深度学习特征，提取性能进一步提升。基于显著性的图像分类是显著区域提取方法的应用延伸，进一步体现了本书的研究意义。

6.2 展望

时代的需求驱动着创新，与此同时，时代的环境又为创新提供了条件。近20年，从最初的互联网时代演进到现在的移动互联网时代，未来十年将是智能物联网的时代。时代的变化一方面使得对计算机应用的需求由数字逻辑、文本转换转向了更为复杂的语音分析、图像处理；另一方面，大数据应用、深度学习等技术又为机器视觉、人工智能等提供了新的解决方案。如何有效地基于现有的技术，寻求有意义的显著区域提取方法及其相关应用是我们将来的工作重点。具体而言，下一步的研究内容主要包括以下3个方面。

（1）场景类标签上下文关系。标签可以分为两大类：场景类标签和对象类标签。第 3 章只考虑了对象类标签的上下文关系，没有考虑场景类标签的上下文关系。一个特定标签语义是否显著与场景类标签有重要的上下文关系。例如，一个区域具有橘子标签，和它相邻的区域如果具有树标签，那么橘子区域显然是显著的。然而，在另外一种空间关系中，与具有橘子标签区域的相邻区域仍具有橘子标签，则橘子区域就不一定是显著的了。所以，在对标签关系进行建模时，一方面可以考虑对象类标签之间的上下文关系，另一方面也要考虑对象类标签和场景类标签之间的上下文关系，客观、全面的考虑会提高显著区域的提取精度。

（2）图像描述的自动生成。图像描述的自动生成任务是对给定图像产生文本内容的文字描述，本质上是将同样语义的内容实现从视觉内容向文本内容的转换。自动生成图像的文本描述是多媒体内容分析更高层次的应用，与显著区域提取有着密切的关系，具有很多应用场景。例如，此研究内容可以用于帮助视障人员更好地理解图片内容。

（3）半监督学习方法的应用。本书第 4 章，在深度学习模型的训练中采用的是有监督的学习方法，需要大量的真值标注，真值标注的过程非常耗时。与有监督学习方法相比，半监督学习方法具有独特的优点，不需要大量手工标注的真值，这在许多应用中非常实用。今后可以考虑引入半监督学习方法，既能提升性能，又能节省人力、减低成本，还可以充分利用海量数据，也为本书的方法今后在大数据分析平台上应用提供了可能。

参考文献

[1] 罗四维. 视觉感知系统信息处理理论[M]. 北京：电子工业出版社. 2006.

[2] U. Rutishauser, D. Walther, C. Koch, et al. Is bottom-up attention useful for object recognition[C]. *Proceedings of IEEE International Conference on Computer Vision and Pattern Recognition*, 2004:37-44.

[3] G. Zhang, M. Cheng, S. Hu, et al. A shape-preserving approach to image resizing[C]. *Proceedings of Computer Graphics Forum*, 2009, 28(7):1897-1906.

[4] W. Zhang, A. Borji, Z. Wang, et al. The application of visual saliency models in objective image quality assessment: a statistical evaluation[J]. *IEEE transactions on neural networks and learning systems*, 2016, 27(6):1266-1278.

[5] T. Chen, M. Cheng, P. Tan, et al. Sketch2photo: internet image montage[J]. *ACM Transactions on Graphics*, 2009, 28(5):1241-1250.

[6] J. Han, K. Ngan, M. Li, et al. Unsupervised extraction of visual attention objects in color images[J]. *IEEE Transactions on Circuits and Systems for Video Technology*, 2006, 16(1): 141-145.

[7] C. Koch, S. Ullman. Shifts in selective visual attention: towards the underlying neural circuitry[J]. *Human Neurbiology*, 1985, 4:219-227.

[8] L. Itti, C. Koch, E. Niebur. A model of saliency-based visual attention for rapid scene analysis[J]. *IEEE Transactions on Pattern Analysis and Machine*

Intelligence, 1998, 20(11) :1254-1259.

[9] J. Harel, C. Koch, P. Perona. Graph-based visual saliency[C]. *Proceedings of the Advances in Neural Information Processing Systems*, 2007, 19:545-552.

[10] R. Girshick. Fast R-CNN[C]. *Proceedings of IEEE International Conference on Computer Vision*, 2015: 1440-1448.

[11] M. Cheng, N. Mitra, X. Huang, et al. Global contrast based salient region detection[J]. *IEEE Transactions on Pattern Analysis and Machine Intelligence*, 2015, 37(3): 569-582.

[12] X. Shen, Y. Wu. A unified approach to salient object detection via low rank matrix Recovery[C]. *Proceedings of IEEE International Conference on Computer Vision and Pattern Recognition*, 2012: 853-860.

[13] M. Cheng, J. Warrell, W. Lin, et al. Efficient salient region detection with soft image abstraction[C]. *Proceedings of IEEE International Conference on Computer Vision*, 2013: 1529-1536.

[14] Q. Yan, L. Xu, J. Shi, et al. Hierarchical saliency detection[C]. *Proceedings of IEEE International Conference on Computer Vision and Pattern Recognition*, 2013: 1155-1162.

[15] S. Goferman, L. Manor, A. Tal. Context aware saliency detection[J]. *IEEE Transactions on Pattern Analysis and Machine Intelligence*, 2012, 34(10): 1915-1926.

[16] R. Margolin, A. Tal, L. Zelnik-Manor. What makes a patch distinct[C]. *Proceedings of IEEE International Conference on Computer Vision and Pattern Recognition*, 2013: 1139-1146.

[17] Y. Ma, H. Zhang. Contrast-based image attention analysis by using fuzzy growing[C]. *Proceedings of the eleventh ACM international conference on Multimedia*, 2003: 374-381.

[18] X. Hou, L. Zhang. Saliency detection: a spectral residual approach[C]. *Proceedings of IEEE International Conference on Computer Vision and Pattern Recognition*, 2007: 1-8.

[19] R. Achanta, S. Hemami, F. Estrada, et al. Frequency-tuned salient region detection[C]. *Proceedings of IEEE International Conference on Computer Vision and Pattern Recognition*, 2009: 1597-1604.

[20] M. Cheng, G. Zhang, N. Mitra, et al. Hu. Global contrast based salient region detection[C]. *Proceedings of IEEE International Conference on Computer Vision and Pattern Recognition*, 2011: 409-416.

[21] X. Li, Y. Li, C. Shen, et al. Contextual hypergraph modelling for salient object detection[C]. *Proceedings of IEEE International Conference on Computer Vision*, 2014: 3328-3335.

[22] B. Jiang, L. Zhang, H. Lu, et al. Saliency detection via absorbing markov chain[C]. *Proceedings of IEEE International Conference on Computer Vision*, 2013: 1665-1672.

[23] C. Lang, T. Nguyen, H. Katti, et al. Depth matters: influence of depth cues on visual saliency[C]. *Proceedings of European Conference on Computer Vision*, 2012: 101-115.

[24] Y. Niu, Y. Geng, X. Li, et al. Leveraging stereopsis for saliency analysis[C]. *Proceedings of IEEE International Conference on Computer Vision and Pattern Recognition*, 2012: 454-461.

[25] K. Desingh, K. M. Krishna, D. Rajan, et al. *Depth really matters: improving visual salient region detection with depth*[C]. *Proceedings of British Machine Vision Conference*, 2013: 98:1-11.

[26] L. Mai, Y. Niu, F. Liu. Saliency aggregation: a data-driven approach[C]. *Proceedings of IEEE International Conference on Computer Vision and Pattern Recognition*, 2013: 1131-1138.

[27] L. Marchesotti, C. Cifarelli, G. Csurka. A framework for visual saliency detection with applications to image thumbnailing[C]. *Proceedings of IEEE International Conference on Computer Vision*, 2009: 2232-2239.

[28] P. Siva, C. Russell, T. Xiang, et al. Looking beyond the image: unsupervised learning for object saliency and detection[C]. *Proceedings of IEEE International Conference on Computer Vision and Pattern Recognition*, 2013: 3238-3245.

[29] M.Wang, J. Konrad, P. Ishwar, et al. Image saliency: from intrinsic to extrinsic context[C]. *Proceedings of IEEE International Conference on Computer Vision and Pattern Recognition*, 2011, 42 (7): 417-424.

[30] T. Liu, Z. Yuan, J. Sun, et al. Learning to detect a salient object[J]. *IEEE Transactions on Pattern Analysis and Machine Intelligence*, 2007, 33(2): 353-367.

[31] J. Wang, H. Jiang, Z. Yuan, et al. Salient object detection: a discriminative regional feature integration approach[J]. *International Journal of Computer Vision*, 2017, 123(2): 251-268.

[32] N. Tong, H. Lu, X. Ruan, et al. Salient object detection via bootstrap learning[C]. *Proceedings of IEEE International Conference on Computer Vision and Pattern Recognition*, 2015: 1884-1892.

[33] Zhang PP, Wang D, Lu HC, et al. Amulet: aggregating multi-level convolutional features for salient object detection. *Proceedings of IEEE International Conference on Computer Vision*, 2017: 202-211.

[34] Hou QB, Cheng MM, Hu XW, et al. Deeply supervised salient object detection with short connections. *Proceedings of IEEE International Conference on Computer Vision and Pattern Recognition*, 2017: 3203-3212.

[35] X. Hu, L. Zhu, J. Qin, et al. Recurrently aggregating deep features for salient object detection[C]. *Proceedings of Thirty-Second AAAI Conference on Artificial Intelligence*, 2018: 6943-6950.

[36] A. Borji. Boosting bottom-up and top-down visual features for saliency estimation[C]. *Proceedings of the IEEE Conference on Computer Vision and Pattern Recognition*, 2012, 157 (10): 438-445.

[37] T. Judd, K. Ehinger, F. Durand, et al. Learning to predict where humans look[C]. *Proceedings of IEEE International Conference on Computer Vision*, 2010: 2106-2113.

[38] B. Alexe, T. Deselaers, V. Ferrari. What is an object? [C]. *Proceedings of the IEEE onference on Computer Vision and Pattern Recognition*, 2010: 73-80.

[39] M. Cheng, Z. Zhang, W. Lin, et al. Bing: binarized normed gradients for objectness estimation at 300fps[C]. *Proceedings of the IEEE Conference on Computer Vision and Pattern Recognition*, 2014: 3286-3293.

[40] Y. Jia, and H. Mei. Category-independent object-level saliency detection[C]. *Proceedings of IEEE International Conference on Computer Vision*, 2013: 1761-1768.

[41] P. Jiang, H. Ling, J. Yu, et al. Salient region detection by UFO: uniqueness, focusness and objectness[C]. *Proceedings of IEEE International Conference on Computer Vision*, 2013: 1976-1983.

[42] K. Chang, T. Liu, H. Chen, et al. Fusing generic objectness and visual saliency for salient object detection[C]. *Proceedings of IEEE International Conference on Computer Vision*, 2011: 914-921.

[43] D. Martin, C. Fowlkes, D. Tal, et al. A database of human segmented natural images and its application to evaluating segmentation algorithms and measuring ecological statistics[C]. *Proceedings of IEEE International Conference on Computer Vision*, 2001, 2: 416-423.

[44] C. Yang, L. Zhang, H. Lu, et al. Saliency detection via graph-based manifold ranking[C]. *Proceedings of IEEE International Conference on Computer Vision and Pattern Recognition*, 2013: 3166-3173.

[45] T. Liu, J. Sun, N. Zheng, et al. Learning to detect a salient object[C]. *Proceedings of IEEE International Conference on Computer Vision and Pattern Recognition*, 2007: 1-8.

[46] 2017 年中国社交媒体行业发展调研与市场前景分析报告[R]. 中国产业调研网，2017. 报告编号：1663370.

[47] Y. Li, X. Hou, C. Koch, et al. The secrets of salient object segmentation[C]. *Proceedings of IEEE International Conference on Computer Vision and Pattern Recognition*, 2014: 280-287.

[48] M. Cheng, N. Mitra, X. Huang, et al. Salientshape: group saliency in image collections[J]. *The Visual Computer International Journal of Computer Graphics*, 2014, 30(4): 443-453.

[49] SOD:Salient Object Dataset[DB/OL], http://elderlab.yorku.ca/SOD/#download.

[50] S. Alpert, M. Galun, A. Brandt, et al. Image segmentation by probabilistic bottom-up aggregation and cue integration[J]. *IEEE Transactions on Pattern Analysis and Machine Intelligence*, 2012, 34(2): 315-327.

[51] J.J. Liu, Q. Hou, M.M. Cheng, et al. A simple pooling-based design for real-time salient object detection[C]. *Proceedings of the IEEE Conference on Computer Vision and Pattern Recognition*, 2019: 3917-3926.

[52] G. Csurka, C. Dance, L. Fan, et al. Bray. Visual categorization with bags of keypoints[C]. *Proceedings of European Conference Computer Vision, workshop on Statistical Learning in Computer Vision*, 2004: 59-74.

[53] A. Coates, A. Y. Ng. The importance of encoding versus training with sparse coding and vector quantization[C]. *Proceedings of IEEE International Conference on Acoustics, Speech and Signal Processing*, 2011: 3427-3431.

[54] R. Rigamonti, M. Brown, V. Lepetit. Are sparse representations really relevant for image classification? [C]. *Proceedings of IEEE International Conference on Computer Vision and Pattern Recognition*, 2011: 599-603.

[55] J. Sivic, A. Zisserman. Video google: a text retrieval approach to object matching in videos[C]. *Proceedings of IEEE International Conference on Computer Vision*, 2003: 1470-1477.

[56] H. Lee, A. Battle, R. Raina, et al. Efficient sparse coding algorithms [C]. *Proceedings of Advances in Neural Information Processing System*, 2006: 801-808.

[57] J. Yang, K. Yu, Y. Gong, et al. Linear spatial pyramid matching using

sparse coding for image classification[C]. *Proceedings of IEEE Conference on Computer Vision and Pattern Recognition*, 2009: 1794-1801.

[58] S. Gao, I. Tsang, L. Chia, et al. Local features are not lonely-laplacian sparse coding for image classification[C]. *Proceedings of IEEE Conference on Computer Vision and Pattern Recognition*, 2010: 3555-3561.

[59] J.Wang, J. Yang, K. Yu, et al. Locality-constrained linear coding for image classification[C]. *Proceedings of IEEE Conference on Computer Vision and Pattern Recognition*, 2010: 3360-3367.

[60] K. Yu, T. Zhang, Y. Gong. Nonlinear learning using local coordinate coding[C]. *Proceedings of Advances in Neural Information Processing System*, 2009: 2223-2231.

[61] L. Liu, L. Wang, X. Liu. In defense of soft-assignment coding[C]. *Proceedings of IEEE Conference on Computer Vision and Pattern Recognition*, 2011: 2486-2493.

[62] A. Shabou, H. LeBorgne. Locality-constrained and spatially regularized coding for scene categorization[C]. *Proceedings of IEEE Conference on Computer Vision and Pattern Recognition*, 2012: 3618-3625.

[63] S. Lazebnik, C. Schmid, J. Ponce. Beyond bags of features: spatial pyramid matching for recognizing natural scene categories[C]. *Proceedings of IEEE Conference on Computer Vision and Pattern Recognition*, 2012: 2169-2178.

[64] T. Harada, Y. Ushiku, Y. Yamashita, et al. Discriminative spatial pyramid[C]. *Proceedings of IEEE Conference on Computer Vision and Pattern Recognition*, 2011: 1617-1624.

[65] Y. Cao, C. Wang, Z. Li, et al. Spatial bag of features[C]. *Proceedings of IEEE Conference on Computer Vision and Pattern Recognition*, 2010: 3352-3359.

[66] M. Malinowski, M. Fritz. Learnable pooling regions for image classification[J]. *The Computing Research Repository*, 2013, 1: 324-329.

[67] Y. Jia, C. Huang, T. Darrell. Beyond spatial pyramids: receptive field learning for pooled image features[C]. *Proceedings of IEEE Conference on Computer Vision and Pattern Recognition*, 2012: 3370-3377.

[68] J. Li, M. Levine, X. An, et al. Visual saliency based on scale-space analysis in the frequency domain[J]. *IEEE Transactions on Pattern Analysis and Machine Intelligence*, 2013, 35(4): 996-1010.

[69] M. Everingham, L. Gool, C. Williams. The pascal visual object classes challenge[J]. *International Journal on Computer Vision*, 2010, 22(2): 303-338.

[70] D. Batra, A. Kowdle, D. Parikh, et al. Icoseg: interactive co-segmentation with intelligent scribble guidance[C]. *Proceedings of IEEE Conference on Computer Vision and Pattern Recognition*, 2010: 3169-3176.

[71] T. Chua, J. Tang, R. Hong, et al. NUS-WIDE: a real-world web image database from National University of Singapore[C]. *Proceedings of the International Conference on Image and Video Retrieval*, 2009: 48-56.

[72] Y. Wei, F. Wen, W. Zhu, et al. Geodesic saliency using background priors[C]. *Proceedings of the European Conference on Computer Vision*, 2012: 29-42.

[73] J. Lafferty, F. Pereira, A. McCallum. Conditional random fields: probabilistic models for segmenting and labeling sequence data[C]. *Proceedings of*

Eighteenth International Conference on Machine, 2001, 3(2): 282-289.

[74] J. Gonfaus, X. Boix, J. Weijer, et al. Harmony potentials for joint classification and segmentation[C]. *Proceedings of IEEE Computer Society Conference on Computer Vision and Pattern Recognition*, 2010: 3280-3287.

[75] L. Bertelli, T. Yu, D. Vu, et al. Kernelized structural svm learning for supervised object segmentation[C]. *Proceedings of IEEE Computer Society Conference on Computer Vision and Pattern Recognition*, 2011: 2153-2160.

[76] J. Shotton, J.Winn, C. Rother, et al. Textonboost for image understanding: Multi-Class object recognition and segmentation by jointly modeling texture, layout, and context[J]. *International Journal of Computer Vision*, 2009, 81(1): 2-23.

[77] B. Fulkerson, A. Vedaldi, S. Soatto. Class segmentation and object localization with superpixel neighborhoods[C]. *Proceedings of IEEE International Conference on Computer Vision*, 2009: 670-677.

[78] J. Yang, M. Yang. Top-down visual saliency via joint CRF and dictionary learning[C]. *Proceedings of IEEE Computer Society Conference on Computer Vision and Pattern Recognition*, 2012: 2296-2303.

[79] E. Rahtu, J. Kannala, M. Salo, et al. Segmenting salient objects from images and videos[C]. *Proceedings of the European Conference on Computer Vision*, 2010: 366-379.

[80] R. Girshick, J. Donahue, T. Darrell, et al. Rich feature hierarchies for accurate object detection and semantic segmentation[C]. *Proceedings of IEEE Computer Society Conference on Computer Vision and Pattern Recognition*, 2014: 580-587.

[81] P. McParlane, Y. Moshfeghi, J. Jose. Collections for automatic image annotation and photo tag recommendation[C]. *Proceedings of MultiMedia Modeling–20th Anniversary International Conference*, 2014: 133-145.

[82] W. Wang, C. Lang, S. Feng. Contextualizing tag ranking and saliency detection for social images[J]. *Advances in Multimedia Modeling Lecture Notes in Computer Science*, 2013, 7733: 428-435.

[83] G. Zhu, Q. Wang, Y. Yuan. Tag-saliency: combining bottom-up and top-down information for saliency detection[J]. *Computer Vision and Image Understanding*. 2014, 118(1): 40-49.

[84] R. Achanta, A. Shaji, K. Smith. SLIC superpixels compared to state of the art superpixel methods[J]. *IEEE Transactions on Pattern Analysis and Machine Intelligence*, 2012, 34(11): 2274-2282.

[85] M. Heikkila, M. Pietikainen, C. Schmid. Description of interest regions with local binary patterns[J]. *Pattern Recognition*, 2009, 42(3): 425:436.

[86] T. Leung, J. Malik. Representing and recognizing the visual appearance of materials using three-dimensional textons[J]. *International Journal of Computer Vision*, 2001, 43(1): 29-44.

[87] H. Jiang, J. Wang, Z. Yuan, et al. Automatic salient object segmentation based on context and shape prior[C]. *Proceedings of the British Machine Vision Conference*, 2011: 1-12.

[88] F. Perazzi, P. Krahenbuhl, Y. Pritch, et al. Saliency filters: contrast based filtering for salient region detection[C]. *Proceedings of IEEE International Conference on Computer Vision and Pattern Recognition*, 2012: 733-740.

[89] X. Hou, J. Harel, C. Koch. Image signature: highlighting sparse salient regions[J]. *IEEE Transactions on Pattern Analysis and Machine Intelligence*, 2012, 34(1): 194-201.

[90] C. Scharfenberger, A. Wong, K. Fergani, et al. Statistical textural distinctiveness for salient region detection in natural images[C]. *Proceedings of IEEE International Conference on Computer Vision and Pattern Recognition*, 2013: 979-986.

[91] X. Li, H. Lu, L. Zhang, et al. Saliency detection via dense and sparse reconstruction[C]. *Proceedings of IEEE International Conference on Computer Vision*, 2013: 2976-2983.

[92] W. Zhu, S. Liang, Y. Wei, et al. Saliency optimization from robust background detection[C]. *Proceedings of IEEE International Conference on Computer Vision and Pattern Recognition*, 2014: 2814-2821.

[93] H. Peng, B. Li, H. Ling, et al. Salient object detection via structured matrix decomposition[J]. *IEEE Transactions on Pattern Analysis and Machine Intelligence*, 2017, 13(9): 818-832.

[94] D. Lowe. Distinctive image features from scale-invariant keypoints[J]. *International Journalon Computer Vision*, 2004, 60(2): 91-110.

[95] N. Dalal, B. Triggs. Histograms of oriented gradients for human detection[C]. *Proceedings of IEEE Conference on Computer Vision and Pattern Recognition*, 2005, 1: 886-893.

[96] Y. Lin, S. Kong, D. Wang, et al. Saliency detection within a deep convolutional architecture[C]. *Proceedings of the Association for the Advancement of Artificial Workshop*, 2014: 839-848.

[97] G. Li, Y. Yu. Visual saliency based on multiscale deep features[C]. *Proceedings of IEEE Conference on Computer Vision and Pattern Recognition*, 2015: 5455-5463.

[98] L. Wang, H. Lu, M. Yang. Deep networks for saliency detection via local estimation and global search[C]. *Proceedings of IEEE Conference on Computer Vision and Pattern Recognition*, 2015: 3183-3192.

[99] R. Zhao, W. Ouyang, H. Li, et al. Saliency detection by multi-context deep learning[C]. *Proceedings of the IEEE Conference on Computer Vision and Pattern Recognition*, 2015: 1265-1274.

[100] A. Gerardo, L. Sucar, E. Morales. Automatic image annotation using multiple grid segmentation[C]. *Proceedings of Mexican International Conference on Artificial Intelligence*, 2010, 6437(1): 278-289.

[101] S. Kamdi, R. Krishna. Image segmentation and region growing algorithm[J]. *International Journal of Computer Technology and Electronics Engineering*, 2012, 1(2): 103-106.

[102] D. Forsyth, J. Ponce. Computer vision: a modern approach[M]. *Prentice Hall Professional Technical Reference*, 2002, 14(1): 133-149.

[103] S. Ababneh, M. Gurcan. An efficient graph-cut segmentation for knee bone osteoarthritis medical images[C]. *Proceedings of IEEE International Conference on Electro/Information Technology*, 2010: 1-4.

[104] P. Arbelaez, M. Maire, C. Fowlkes. From contours to regions: an empirical evaluation[C]. *Proceedings of IEEE International Conference on Computer Vision and Pattern Recognition*, 2009: 2294-2301.

[105] A. Krizhevsky, I. Sutskever, G. Hinton. Imagenet classification with deep convolutional neural networks[C]. *Proceedings of Neural Information Processing Systems*, 2012: 1106-1114.

[106] J. Deng, W. Dong, R. Socher, et al. Imagenet: a large-scale hierarchical image database[C]. *Proceedings of IEEE International Conference on Computer Vision and Pattern Recognition*, 2009: 248-255.

[107] Y. Jia, E. Shelhamer, J. Donahue, et al. Caffe: convolutional architecture for fast feature embedding[C]. *Proceedings of ACM International Conference on Multimedia*, 2014: 675-678.

[108] caffe[CP]. http://caffe.berkeleyvision.org. 2013.

[109] P. Arbelaez, M. Maire, C. Fowlkes, et al. Contour detection and hierarchical image segmentation[J]. *IEEE Transactions on Pattern Analysis and Machine Intelligence*, 2011, 33(5): 898-916.

[110] L. Wang, L. Wang, H. Lu, et al. Saliency detection with recurrent fully convolutional networks[C]. *Proceedings of European Conference on Computer Vision*, 2016, 2(2): 825-841.

[111] P. Wang, J. Wang, G. Zeng, et al. Salient object detection for searched web images via global saliency[C]. *Proceedings of IEEE Conference on Computer Vision and Pattern Recognition*, 2012: 3194-3201.

[112] S. Feng, C. Lang, II. Liu, et al. Adaptive all-season image tag ranking by saliency-driven image pre-classification[J]. *Journal of Visual Communication & Image Representation*, 2013, 24(7): 1031-1039.

[113] H. Jiang. Weakly supervised learning for salient object detection[J].

Computer Science, 2015, 2(5): 189-201.

[114] L. Fei, P. Perona. A bayesian hierarchical model for learning natural scene categories[C]. *Proceedings of IEEE Computer Society Conference on Computer Vision and Pattern Recognition*, 2005, 2: 524-531.

[115] 17 Category Flower Dataset [DB/OL]. http://www.robots.ox.ac.uk/~vgg/data/flowers/17/index.html.

[116] M. Nilsback, A. Zisserman. A visual vocabulary for flower classification[C]. *Proceedings of the IEEE Conference on Computer Vision and Pattern Recognition*, 2006, 2: 1447-1454.

[117] 102 Category Flower Dataset[DB/OL]. http://www.robots.ox.ac.uk/~vgg/data/flowers/102/ index. html.

[118] Caltech 101[DB/OL]. http://www.vision.caltech.edu/Image_Datasets/Caltech101/.

[119] Caltech 256[DB]. http://www.vision.caltech.edu/Image_Datasets/Caltech256/.

[120] Event Dataset[DB/OL]. http://vision.stanford.edu/lijiali/event_dataset/.

[121] W. Li, D. Yeung. Localized content-based image retrieval through evidence region identification[C]. *Proceedings of IEEE Conference on Computer Vision and Pattern Recognition*, 2009: 1666–1673.

[122] S. Avila, N. Thome, M. Cord, et al. Bossa: extended bow formalism for image classification[C]. *Proceedings of International Conference on Image Processing*, 2001: 2909-2912.

[123] H. Lee, A. Battle, R. Raina, et al. Efficient sparse coding algorithms[C].

Proceedings of Advances in Neural Information Processing System, 2007: 1976-1985.

[124] S. McCann, D. Lowe. Local naive bayes nearest neighbor for image classification[C]. *Proceedings of IEEE Conference on Computer Vision and Pattern Recognition,* 2012: 3650-3656.

[125] K. Sande, T. Gevers, C. Snoek. Evaluating color descriptors for object and scene recognition[J]. *IEEE Transactions On Pattern Analysis and Machine Intelligence,* 2010: 1582-1596.

[126] Y. Boureau, J. Ponce, Y. LeCun. A theoretical analysis of feature pooling in vision algorithms[C]. *Proceedings of International Conference on Machine Learning,* 2010, 71(4): 328-339.

[127] J. Feng, B. Ni, Qi Tian, et al. Geometric p-norm feature pooling for image classification. *Proceedings of IEEE Conference on Computer Vision and Pattern Recognition*, 2011: 2609-2704.

[128] Y. Sun, X. Wang, X. Tang. Deep learning face representation from predicting 10,000 classes[C]. *Proceedings of IEEE Conference on Computer Vision and Pattern Recognition*, 2014: 1891-1898.

[129] J. Kim, D. Han, Y. Tai, et al. Salient region detection via high-dimensional color transform[C]. *Proceedings of IEEE Conference on Computer Vision and Pattern Recognition*, 2014: 883-890.

[130] P. Khuwuthyakorn, A. RoblesKelly, J. Zhou. Object of interest detection by saliency learning[C]. *Proceedings of European Conference on Computer Vision*, 2010, 6312: 636-649.

[131] X. Qin, Z. Zhang, C. Huang, et al. BASNet: boundary-aware salient object detection[C]. *Proceedings of the IEEE Conference on Computer Vision and Pattern Recognition*, 2019: 7479-7489.

[132] M. Long, F. Liu. Comparing salient object detection results without ground truth[C]. *Proceedings of European Conference on Computer Vision*, 2014: 76-91.

[133] P. Kr̈ahenb̈uhl, V. Koltun. Efficient inference in fully connected crfs with gaussian edge potentials[C]. *Proceedings of Conference and Workshop on Neural Information Processing Systems*, 2011: 109-117.